Mes Étrennes

La Flèche = $\frac{1}{1}$ 1876

I0001682

RÉCRÉATIONS PHYSIQUES

PARIS. — TYPOGRAPHIE LAHURE
Rue de Fleurus, 9

RÉCRÉATIONS
PHYSIQUES

PAR A. CASTILLON

PROFESSEUR AU COLLÉGE SAINTE-BARBE.

OUVRAGE ILLUSTRÉ DE 38 VIGNETTES

PAR CASTELLI

QUATRIÈME ÉDITION

PARIS

LIBRAIRIE HACHETTE ET Cie

BOULEVARD SAINT-GERMAIN, 79

1872

Droits de traduction et de reproduction réservés

RÉCRÉATIONS
PHYSIQUES.

CHAPITRE I.

LA DISTRIBUTION DES PRIX.

Eugène. — Ernest. — Pierrot.

La bataille avait été en vérité rude et vaillamment menée par d'intrépides champions qui n'avaient pas hésité à faire donner jusqu'à la réserve de l'arrière-ban.

Vétérans et *nouveaux* s'étaient conduits en braves, ou, disons mieux, en loyaux adversaires, car aux dernières fanfares qui acclamaient le nom des heureux lauréats, un charmant pêle-mêle de vainqueurs et de vaincus, se pressant amicalement

1

la main, encombraient les portes de sortie du lycée de***.

Tout était donc joie et bonheur parmi ces enfants qui emportaient avec eux les récompenses de dix mois d'un travail assidu, et de plus cette douce espérance, si longtemps caressée, de revoir bientôt leur bonne mère, leurs amis, et ces champs tout remplis de fleurs, d'oiseaux et d'air pur et embaumé, et tout cela pendant deux bons mois de vacances.

Mais non loin du docte édifice qui, tel que le temple de Janus, ferme ses portes quand la lutte est finie, là, près d'une voiture où l'on empilait de magnifiques in-folios décernés sans doute au grand prix de philosophie, on pouvait remarquer un petit groupe de trois jolis enfants qu'il nous sera peut-être intéressant d'observer.

Le plus grand (c'était un des heureux lauréats du grand concours) laissait deviner dans ses regards graves et doux tout ce que sa précoce intelligence promettait déjà de brillant avenir. C'était Eugène B***, dont nous parlerons longuement dans ce récit.

Le second... hélas ! le pauvre enfant pleurait à chaudes larmes ; car ses mains étaient vides, car son nom n'avait éveillé aucun des échos de la salle de distribution. Ernest avait pourtant *neuf* ans. Il était en *neuvième*, et depuis *neuf* éternels

Un charmant pêle-mêle encombrait les portes. (P. 1.)

mois il pâlissait sur *rosa*, la rose, sur *miser*, *misera*, *miscrum* et n'en était pas moins sorti de la lutte pauvre absolument comme le petit saint Jean au désert.... Décidément le nombre neuf était pour cet enfant ce qu'est le nombre treize pour bien des gens de ma connaissance.

Enfin le troisième personnage du groupe se nommait tout uniment Pierrot.

Pierrot était superbe à voir; il était paré jour-là (rappelons-nous que c'était un jour de fête) d'une belle veste ronde en bon gros drap bien fort et d'une couleur fort avenante, de sabots assez coquets et d'un reluisant irréprochable et d'un col de chemise si droit et si roide, qu'on l'aurait cru découpé dans une feuille de tôle. Ses mains en outre, comme en toutes les grandes occasions, étaient solidement abritées sous des gants de poil de lapin dont ce petit merveilleux était tout fier. Ajoutez à cela un air pas trop gauche, pas trop bête, des yeux malins et tout juste neuf ans, ni plus ni moins que M. Ernest son frère de lait, au-devant duquel on l'avait envoyé, pour l'aider peut-être à rapporter ses prix.... si le cas échéait.

Et si vous voyez le petit Pierrot faire en ce moment une certaine moue, ne pensez pas assurément que c'est pour son propre compte. Non, sa rancune tombait tout entière sur MM. les proviseurs, les inspecteurs de l'Académie, voire même Son Excellence, qui n'avaient pas arrangé les choses de manière à ce qu'il y ait eu des prix pour tout le monde en général, ou au moins pour son frère de lait en particulier.

CHAPITRE II.

ROSINE.

Nous nous abstiendrons de tout détail sur les incidents du voyage : nous ne dirons rien ni du grave et savant Eugène, qui, tout en roulant vers la maison paternelle, songe déjà à l'École normale, son point de mire pour l'année prochaine ; ni du triste Ernest, qui entame ses vacances sous de si sombres auspices ; ni enfin de ce petit diablotin de Pierrot, que ses compagnons de voyage ont bien de la peine à empêcher de se trop pencher par la portière du wagon pour renouer connaissance en passant avec les bœufs, les ânes, les dindons de la route, ses fidèles et bons amis, y compris son cher Moustache, honnête tourne-broche à tout poil, attaché comme Pierrot à la ferme de M. B***.

Nous voici donc arrivés! Je vous demanderai encore, mes petits amis, la permission de passer sous silence la réception qui fut faite à nos écoliers; vous vous doutez bien, du reste, que le compte de ces messieurs était facile à régler. Eugène eut sa bonne part de louanges et de caresses, et Ernest de remontrances et de reproches; mais le pardon ne se fit pas attendre, car le repentir du petit écolier était sincère, et ses promesses parurent l'être aussi. Quant à notre ami Pierrot, ce qu'il eut de plus pressé, ce fut d'aller serrer dans ses bras son chien à longs poils et à courte queue, le fidèle Moustache, puis de revenir saluer les parents de nos jeunes gens; car Pierrot était fort poli.

Lorsque nos deux jeunes gens furent réinstallés dans la famille, le bon Eugène se jeta à corps perdu dans la philosophie, la psychologie, etc. Ernest, lui, crut chose prudente de passer en revue ses engins de pêche, ses filets à papillons, son miroir-à prendre des alouettes et autres outils de même importance, y compris toutefois sa grammaire latine, bien qu'il y manquât une douzaine de pages. Pierrot reprit incontinent sa charge de tourne-broche à la cuisine.

Nous allons parler maintenant d'un quatrième personnage non moins intéressant : c'est de la gentille et bonne petite Rosine, âgée de dix ans à peine, et qui vous récitait déjà sur le bout de son doigt toute la grammaire française, et savait son catéchisme comme M. le curé ; n'oublions pas de dire aussi qu'elle aurait pu au besoin déchiffrer sur son piano je ne sais combien de rondeaux et de polkas à faire sauter tous les Pierrots du monde.

Cette jolie enfant, cousine d'Eugène et d'Ernest, était venue passer ses vacances chez M. B***, et sa mère, Mme de Monterey, était toute fière de venir montrer ainsi sa *petite merveille*.

Or, un soir qu'après dîner toute la famille réunie prenait le café au jardin, la conversation vint à tomber sur l'éducation à donner aux enfants. Eugène se rapprocha bien vite du cercle, en prêtant une attention avide. Ernest, au contraire, rouge jusqu'aux oreilles, fit un pas en arrière, et déjà avisait une échappée entre deux touffes de clématites pour s'esquiver, quand un coup d'œil significatif de son père le cloua net à sa place.

« Certes, disait Mme de Monterey, à qui l'on faisait l'éloge de sa fille, je ne veux pas faire de mon enfant un de ces petits phénomènes contre nature qu'on appelle un *bas-bleu*, mais je serais désolée qu'elle n'eût pas au moins quelques-unes de ces connaissances utiles dont il est bon d'orner la mémoire et l'intelligence des femmes.

— Même la physique? s'écria étourdiment Ernest, qui croyait mettre sa tante au pied du mur.

— *Même la physique*, repartit la mère de Rosine; ou du moins, ajouta-t-elle, l'étude des connais-

sances les plus indispensables dans cette science et de ses plus curieux phénomènes.

— Comment! Rosine qui a dix ans....

— Sait à peu près tout cela, mon ami.... et n'en est pas plus fière ; car elle ne se doute même pas que c'est là de la physique.

— Oh ! s'écria M. B***, que je donnerais de bon cœur une belle montre, et même un joli petit fusil de chasse avec sa carnassière.... à quelqu'un de ma connaissance, ajouta-t-il en jetant un certain regard sur Ernest, s'il en savait autant que cette petite fille de dix ans.

— Et moi, se hâta de dire la mère d'Ernest, je lui donnerais un bon gros baiser sur les deux joues.

— Je saurai la physique ! s'écria impétueusement notre écolier. Puis partant comme un écervelé, comme un fou, il se précipita vers la maison. Dans son chemin il se heurta nez contre nez avec son ami Pierrot.

— Gare donc ! lui cria-t-il, gare ! gare ! Adieu maintenant aux toupies et aux piéges à moineaux, il me faut de la physique, je veux apprendre la physique !

— Qu'est-ce que c'est cela, de la *fusique ?* dit Pierrot tout ébahi et tenant à pleine main son nez endolori, ça se trouve-t-il à la cave ou au grenier ? ça va-t-il sur l'eau ou dans le feu ? Qué bourrasque, frérot !

— Cela se trouve partout..., dit Ernest ; puis il ajouta en se frappant le front :... et nulle part.

— Si je vous aidais tout de même un petit brin ?

— Pauvre garçon! fit l'écolier en haussant les épaules.

— Dame, qui sait! Et peut-être ben que.....
Vous le savez, frérot, on a ben vu un meunier trouver un chapeau de cardinal au fond d'un sac de farine. »

On voit que Pierrot n'était pas encore si bête qu'il en avait l'air.

Cependant notre jeune enthousiaste était trop affairé en ce moment pour l'écouter : il grimpa quatre à quatre les escaliers du cabinet de travail de son frère, et se mit à bouleverser tous les livres de la bibliothèque pour trouver des livres de physique.

Il en trouva en effet; mais, bon Dieu! qu'y vit-il? des démonstrations à perte de vue, des formules algébriques, des mots inintelligibles et barbares, un vrai grimoire. Le pauvre enfant suait sang et eau.

Eugène, heureusement, vint à son secours; car, inquiet d'avoir vu son frère se diriger vers son sanctuaire classique, il avait frémi du danger que couraient ses chers in-folios. Il ne put s'empêcher de rire cependant lorsque, étant entré sur la pointe du pied, il vit l'impatient Ernest feuilleter dans tous les sens et Despretz, et Biot, et Deguin, et s'écrier à chaque paragraphe qu'il parcourait :

« Mais qu'est-ce qu'ils veulent donc dire avec

leurs mots longs d'une aune : *Impénétrabilité, com-pressibilité, cohésion, acoustique, hygrométrie?* de quel grimoire ont-ils tiré ces mots baroques?..... c'est bien pire encore que *rosa*, la rose, *musca*, la mouche, et *bonus, bona, bonum;* au moins cela se comprend.... un peu.

— Voilà donc le latin rentré en grâce avec toi? dit en souriant son frère.

— Tiens, te voilà, frère ! vraiment, tu viens bien à propos pour me tirer d'embarras ; car j'ai beau feuilleter, tourner et retourner en tous sens ces singuliers livres, il m'est impossible d'y rien comprendre.

— D'abord, je te ferai observer que tu commences par le dernier chapitre, et je t'assure que ce n'est pas là le moyen d'arriver plus vite. Mais veux-tu te laisser un peu guider par moi, veux-tu opérer avec méthode et surtout avec patience?

— Je veux tout, pourvu que je sache la physique, pourvu que j'aie la montre et le fusil, pourvu que je gagne bien vite ce que maman m'a promis. Et dès à présent, je consens à faire un auto-da-fé de mes lignes, de mes cerfs-volants, de mon grand polichinelle même, de....

— Tu ne brûleras rien, s'il vous plaît, tu ne cesseras même pas de t'amuser, car c'est en jouant que je veux que tu apprennes cette redoutable science de la physique ; mais, crois-moi, ajournons jusqu'à

demain ces leçons ; il est tard, allons nous coucher,
la nuit nous portera conseil à tous deux, et du reste
nous n'avons là pour nous aider ni Rosine ni Pierrot.

—Comment Pierrot ! Pierrot le tourne-broche ?...

—Je serai le professeur en titre, si tu veux bien
me le permettre, et Pierrot sera mon suppléant
Pierrot, fils de Mathieu le cultivateur, Pierrot, qui
d'aide-marmiton passe d'emblée aide-préparateur
de physique ! Hein ! qu'en dis-tu ?

—Ah ! par exemple, ce sera du curieux ! Pierrot !...

Bien que l'élévation de Pierrot au grade de préparateur blessât cruellement l'amour-propre d'Ernest, celui-ci n'ajouta rien ; il remit à leur place
Despretz, Biot et Deguin, un peu plus respectueu-
sement qu'il ne les en avait tirés, et, embrassant
son frère, il alla docilement se coucher.

CHAPITRE III.

UNE VISITE A LA BUTTE-AUX-GRIVES.

Corps. — Molécules. — Impénétrabilité.

Le lendemain de grand matin, Ernest était dans le cabinet de son frère et lui rappelait sa promesse de la veille.

« Nous commencerons notre leçon après déjeuner, lui dit Eugène. Tu sais du reste, mon ami, que tu as une petite course à faire ce matin avec ta cousine et ton frère de lait. Vous devez, je crois, aller porter la petite rente que papa fait tous les mois à son vieux garde-chasse à la Butte-aux-Grives, ainsi que quelques provisions pour sa famille. La physique est une belle chose, mon ami, mais elle ne doit pas nous faire oublier ceux qui sont dans la peine. »

Ernest ne répondit rien ; mais, à l'air de résignation qu'il prit, on pouvait voir aisément qu'il était quelque peu contrarié. Son frère s'en aperçut.

« Cependant, lui dit-il, je vais toujours te donner la matière de notre première leçon. Tu y penseras en route. Prends avec toi un crayon et ton album, et, s'il te pousse quelque bonne idée, tu l'écriras immédiatement.

— Et un livre ?

— Tu en trouveras.... *partout et nulle part*, fit Eugène en parodiant la superbe réponse qu'Ernest avait faite à Pierrot lors du choc de leurs deux nez.

— Voyons toujours, dit l'apprenti physicien.

— Voici ton programme pour aujourd'hui, lui dit-il en lui remettant entre les mains un petit papier sur lequel étaient inscrites ces quelques lignes :

1re LEÇON. — Qu'est-ce que la *physique*?

Qu'entend-on par *corps*, *molécules*, *atomes*?

Qu'est-ce que l'*étendue*?

Qu'est-ce que l'*impénétrabilité*?

« C'est bien de la besogne que tout cela, ajouta tout bas Ernest...; enfin nous verrons. »

Bientôt il eut rejoint Rosine, qui complétait son panier de provisions pour la pauvre famille.

Pierrot fut de la partie, on le chargea de porter le panier; et les trois enfants se mirent en route pour la Butte-aux-Grives.

Cependant Ernest paraissait préoccupé, soucieux, et marmottait entre ses dents : Qu'est-ce que la physique? qui est-ce qui me dirait bien cela?

Enfin, impatienté de ne pas trouver de solution à cette maudite question, il se décida à en parler à sa cousine.

« La physique! dit Rosine qui connaissait les définitions moins que les faits; c'est... c'est...

— Pardienne! s'écria Pierrot, pisque vous dites que ça se trouve *partout*, ça serait-il pas ce champ, ce bois, cette rivière, ce ciel bleu?

— Assez, assez, Pierrot! s'écria Ernest, je l'ai trouvé : c'est l'étude de la nature.

— C'est juste, ajouta Rosine, et l'étude aussi des propriétés des corps.

— Je crois, du reste, me rappeler qu'un de nos professeurs a dit un jour que le mot physique venaît d'un drôle de mot grec, comme qui dirait *fusis*, et que cela signifie *nature*; alors, la physique est bien l'étude des propriétés de tous les objets matériels qui se présentent à nous sur la terre, dans l'eau, dans l'air... Pierrot disait vrai.

Voilà donc quelque chose pour mon album. Mais il me semble, cousine, que tu as parlé de *corps*. Mon petit papier me demande aussi ce que c'est qu'un *corps*.

— Aïe! aïe! s'écria Pierrot en tombant tout de son long dans la poussière, car il avait trébuché contre un gros caillou, en voilà *un corps* qui est un peu dur, j'en suis pour une bosse au front.

— En ce cas, mon cher Pierrot, dit Ernest en relevant le petit paysan, ta chute m'apprend qu'un *corps* est tout ce qui est dur.

— Ou mieux tout ce qui tient une place quelque part, dit Rosine, comme solide, liquide ou fluide.

— Excellente affaire pour moi! fit Ernest en écrivant sur son album. Il me reste maintenant à savoir ce qu'on entend par molécule et atome.

— Je crois me rappeler que l'on appelle *molécules* les parties excessivement divisées d'un corps : les grains de farine sont par conséquent les molécules provenant du blé ; la teinte rose du sirop de groseille ou la couleur bleue de l'eau de la blanchisseuse sont les molécules infiniment petites de la matière colorante de la groseille ou de l'indigo·

— Parfait ! exclama Ernest. Maintenant qu'est-ce qu'un *atome*, s'il vous plaît ?

— C'est plus imperceptible encore que les molécules, dit Rosine.

— Allons ! s'écria Pierrot, ne voulez-vous pas couper maintenant un grain de moutarde en cent mille morceaux ? qu'est-ce qui les verrait alors ?

— Je prends ce qu'il y a de bon dans la réflexion de Pierrot, dit Ernest, et j'écris que les atomes sont les éléments dont les corps sont formés. Oh ! oh ! mais voilà mon devoir qui s'avance.... Ah ! si mes thèmes avaient été de ce train-là au collége ! Passons donc tout de suite à autre chose.... Mais j'allais vous demander ce que c'est que l'étendue. L'*étendue?* qu'ai-je besoin d'aide pour cela ? c'est ce caillou, qui a trois centimètres cubes à peu près ; c'est cette maison, qui a vingt mètres de hauteur sur trente de largeur ; c'est cette route, qui a cent kilomètres de long... c'est là l'étendue, qui le niera ? Longueur, largeur, profondeur.

— Eh ! dites donc, frérot, interrompit Pierrot,

pourriez-vous appeler *étendue* le petit atome de grain de moutarde de tout à l'heure, et dire combien le ciel a d'aunes de long?

— Oh! oh!... ce serait embarrassant à dire cela... C'est égal, je répondrai à l'impertinente interruption de M. Pierrot, que les sens de l'homme sont impuissants à assigner une étendue à l'extrême ténuité et à l'infini.

— Je crois, mon cher cousin, fit Rosine de sa douce voix, que tu deviens savant..

— Oh! c'est que j'ai de beaux et bons motifs pour cela, lui répondit l'enfant; je me rappelle surtout ce que m'a promis maman... Mais, hélas! il y a encore une question qui me tracasse bien, je t'assure.

— Qu'est-ce donc? s'écria-t-on.

— C'est l'*impénétrabilité!*

— J'y suis, dit Rosine, c'est l'impossibilité où se trouve tout corps d'occuper une même place en même temps qu'un autre.

— Quelle malice! fit Pierrot, on sait bien que si je veux m'asseoir à la place de quelqu'un, il faudra bien que je lui dise: Ote-toi de là, que je m'y mette. »

Cette naïveté du petit paysan fit rire les deux enfants; néanmoins on ne donna pas de suite à la question, car on était arrivé chez le garde.

On pense bien que les visiteurs furent reçus à

bras ouverts par la pauvre famille : on les choya, on les embrassa, et bien vite on leur fit prendre place devant une table bien propre sur laquelle on servit une grande jatte de bonne crème épaisse, des fraises, des noisettes, de la galette et du pain de seigle frais et appétissant..., Puis, pour aiguiser l'appétit, nos bons petits enfants avaient pour eux le bonheur de faire du bien, leur conscience et leur cœur de neuf ans.

Ernest cependant, tout en trempant son pain bis dans la crème, pensait à sa question, à son *impénétrabilité*. Il regardait de droite et de gauche en cherchant des preuves et des exemples, et il ne trouvait que des contradictions.

« Ohé, frérot, lui cria le petit Pierrot tout d'un coup, que dites-vous de cela ? et il lui montrait une noisette percée d'un petit trou de ver ; ce maudit vermisseau qui a passé par là ne croyait guère à l'impénétrabilité, lui.

— Casse-la toujours, lui dit Rosine en riant, et tu verras.

— Ah ! mais ! vous avez raison, dit le paysan, la place est presque vide, et c'est cet animal de ver qui remplit la coquille.... Pouah ! que c'est mauvais une noisette pourrie ! Vite à boire, s'il vous plaît, monsieur Guillaume. »

Le vieux garde se hâta de mettre un entonnoir sur une bouteille et d'y verser brusquement une

cruchée de cidre ; mais l'orifice de la bouteille,
trop bien fermé sans doute, fit que pas une goutte
n'entra à l'intérieur, et que tout le liquide rejaillit
par-dessus les bords.

« Voilà ton *impénétrabilité*, Ernest, cria Rosine en
riant ; tu vois, l'air de l'intérieur de la bouteille
n'ayant pas voulu céder sa place au cidre, il a fallu
que celui-ci allât chercher un gîte ailleurs »

Pierrot ne semblait pas cependant bien convaincu de cette loi de l'impénétrabilité, peut-être parce que ce mot même était si long, qu'il ne pouvait le digérer. Il prit un morceau de sucre et le posant sur un peu d'eau répandue sur la table :

« Voyez, voyez un peu ce gourmand, dit-il, il avale tout et ne rend rien, cherchez donc votre impénétrabilité là-dedans.

— Attends une seconde encore, dit Rosine en fixant ses regards sur le morceau qui s'imbibait, et le sucre va se charger de te répondre lui-même. »

Et bientôt, en effet, on vit apparaître à la surface de petits globules qui brillaient comme des perles et s'évanouissaient en crevant.

« Voilà l'air qui cède sa place à l'eau, s'écria Ernest. Pierrot, tu es battu, mon cher.

— Allons, il y a force de loi, passons outre. »

Il allait écrire cette irrévocable décision, quand il aperçut le vieux garde, qui, après avoir rempli d'eau jusqu'au bord une timbale d'étain, y versait encore quelques gouttes d'alcool, sans que pour cela le liquide parût augmenter.

« Oh! voilà qui bouleverse un peu mes idées, dit Ernest, je vois un liquide qui entre et rien ne sort.... Rosine, à nous deux, hein, pour expliquer cela. »

La jeune fille n'était pas moins embarrassée que son cousin; elle réfléchit longtemps, hésita, puis enfin hasarda timidement cette explication:

« L'eau probablement a des interstices, des pores, et c'est dans ces espaces infiniment petits que va sans doute se loger l'alcool. »

Rosine avait raison.

Le déjeuner et la séance se terminèrent là ; cependant, avant qu'on se séparât, Ernest s'approcha doucement du vieillard et lui demanda dans quel but il faisait ce mélange d'eau et d'esprit-de-vin.

« C'est pour imbiber une compresse, répondit le garde, et l'appliquer sur cette vieille blessure que j'ai reçue il y a vingt ans, en combattant auprès de votre excellent père.

— Mais une si petite quantité d'alcool peut-elle donc rendre ce remède efficace ? dit l'enfant.

— Dame, mon petit monsieur, quelques gouttes de plus ne nuiraient pas, mais c'est cher, c'est cher.... et j'ai des enfants, faut qu'ils mangent. »

Pour toute réponse, Ernest glissa dans la main du vieux soldat une belle pièce de cinq francs toute neuve, produit de ses économies d'un mois; puis se hâta de se retirer, emmenant ses petits compagnons, auxquels il n'eut garde de parler de la bonne action qu'il venait de faire.

CHAPITRE IV.

Compressibilité. — Élasticité.

Dans l'après-midi, dès que les devoirs latins furent faits (les études amusantes ne faisaient pas oublier les devoirs sérieux), notre petit écolier alla demander à son frère son petit contingent de questions. Voici ce que lui remit Eugène :

1º Qu'est-ce que la *compressibilité?*

2º Qu'est-ce que l'*élasticité ?*

« Oh ! oh ! dit Ernest en lisant son petit papier, c'est de plus en plus fort. J'espère bien que cette

fois tu me prêteras un de tes gros traités de physique pour me venir en aide.

— Va dans le jardin, lui répondit son frère, j'a-
perçois d'ici Pierrot qui en tient un à la main, là,
près de la haie de sureau.

— Comment, Pierrot!... mais il connaît à peine
les lettres de l'alphabet! exclama Ernest.

— Et cependant, ajouta son frère avec un grand
sérieux, je l'entends qui fait des expériences sur
la compressibilité, comme le premier physicien
du Collége de France.

— Ah! par exemple, c'est un peu fort! Nous allons voir ça. »

Pierrot était là en effet, mais tellement affairé
à s'escrimer avec une canonnière en sureau, qu'il
envoya sur le front d'Ernest, sans le voir, une
grosse boulette de papier mâché.

« Le maladroit! s'écria celui-ci, un peu plus il
me crevait un œil. Voyons vite, montre-moi ton
traité de physique.

— Mais, frérot, je n'ai que ma canonnière.

— Eugène se serait-il donc moqué de moi?
pensa Ernest, ou bien moi-même ne l'ai-je pas
bien compris?... Mais ne précipitons rien. Examinons les choses un peu de plus près. Voyons,
Pierrot, recommence ta fusillade, mais cette fois
vise en l'air. Bon! je remarque d'abord une boulette qui ferme exactement un des bouts du sureau,

puis une autre que l'on pousse avec force par l'autre extrémité, et probablement la résistance que l'on éprouve provient de l'air resserré, comprimé dans le corps même de ce tube de sureau ; je présume alors que, lorsque le bouchon part avec tant de bruit, c'est l'air qui se détend et fait ressort.... c'est bien là de la compressibilité.

— Dites-donc, frérot, est-ce que j'ai fait de la compressi.... bibi.... lité, moi, tout à l'heure, en m'étalant sur cette terre glaise, où mon portrait est resté marqué tout de son long ?

— Assurément, et j'en vois encore un exemple dans ce bois tendre que je mords et où l'empreinte de mes dents reste marquée ; j'en vois dans le fer que le forgeron amoindrit en le martelant ; dans l'éponge qu'on serre dans ses mains.

— Dites-moi donc encore, puisque vous devenez si savant, le sac de duvet que la fermière a apporté hier, et qui n'était pas plus gros que ma tête, était-il beaucoup moins lourd que l'édredon qu'on en a fait et qui couvre votre lit tout entier?

— Le poids est toujours le même, car la compression ne détruit que la forme.

— Ah ! je vous arrête là, frérot, voici une baguette d'osier que je ploie, et qui reprend sa forme quand je la lâche ; les coussins du salon s'écrasent quand on s'assied dessus et se regonflent quand on se lève; est-ce toujours de la compress...? ah! ma fine, le mot est trop long. »

Ernest, qui venait de jeter un coup d'œil sur sa seconde question, s'écria :

« Ce doit être de l'*élasticité*; c'est ce qui arrive à tous les corps qui reprennent leur premier état quand la cause qui les comprime vient à cesser.

— Comme vous devenez habile, frérot!... » dit le petit paysan en regardant Ernest.

Notre écolier devait ce compliment à cette excellente habitude qu'il commençait à prendre d'observer et de raisonner.

« Ainsi, ajouta Pierrot avec un petit air d'incrédulité moqueuse, vous êtes sûr que mon cerceau que voici va rebondir si je le jette à terre?

— Certes, car le bois d'osier dont il est fait est essentiellement élastique.

— Eh bien! dit le malin tourne-broche, le voilà par terre, et il n'a pas rebondi. Il est pourtant d'un bois *essentiellement élastique.* »

Il avait jeté le cerceau *à plat* au lieu de le jeter *sur champ*. Ernest resta un peu abasourdi de l'expérience; cependant, appelant le raisonnement à son secours, il devina bien vite que la forme du corps influe beaucoup sur son élasticité. Il prit soigneusement note de cette remarque.

« Mais, dit encore Pierrot, cette belle bille d'agate, que je laisse tomber sur cette marche de marbre, se déforme donc aussi ? Pourtant elle est aussi ronde après la chute qu'avant.

— C'est vrai ; j'aurais donc dit une bêtise ?

— Possible, frérot.

— Attends, cependant ; il me vient une idée. As-tu du noir de fumée ?

— Ni noir ni blanc ; mais, tenez, j'aperçois un des marmitons de la maison qui passe là-bas avec une poêle à frire, je vais vous procurer cela. »

Et, en deux sauts, Pierrot eut rapporté du noir au bout de son doigt. Ernest lui fit noircir un certain espace de la marche, puis, élevant la bille d'agate le plus haut possible, il la laissa tomber sur cette tache, et regarda attentivement l'endroit où elle avait frappé.

« Voyez, monsieur le disputeur, dit-il au petit paysan, voyez cette place large comme une petite lentille, où le noir a été enlevé : qu'en concluez-vous, s'il vous plaît ?

— Que la bille a dû s'aplatir dans le choc et a repris sa forme première ensuite, dit Pierrot en baissant un peu le ton.... Je suis battu. »

Ernest était ravi de sa propre perspicacité.

« Oh ! pourquoi, s'écria-t-il, a-t-on inventé au monde autre chose que la physique ?

— Il paraît, dit son frère de lait, que ça vous va mieux que les thèmes et les versions. »

Comme la corde que touchait Pierrot ne flattait pas très-agréablement l'amour-propre de notre *fruit sec*, il se hâta de revenir à sa science favorite.

« Je pense, dit-il, que la température influe beaucoup aussi sur l'élasticité de certains corps : ainsi les laitons d'un piano, les cordes d'un violon, la peau d'un tambour, ont beaucoup plus de sonorité (et par conséquent d'élasticité) dans un temps sec que dans un temps humide, la tension à laquelle on les soumet doit aussi les rendre plus ou moins élastiques.

— Et quand nous jouons à la marelle, en sautant sur un pied, qu'est-ce qui nous enlève de terre?

— Probablement l'élasticité de nos muscles.

— Ah çà! mais l'élasticité est donc partout.... Y en aurait-il pas dans l'air, ce serait un peu fort!

— Mais je pense bien que, lorsque les chaudières des machines à vapeur éclatent, cet accident n'est provoqué que par l'élasticité excessive des gaz....

— Ou mieux leur dilatabilité, dit une voix qui se fit entendre de l'autre côté de la haie de sureau.

— Tiens! tu nous écoutais, Eugène, dit notre écolier en reconnaissant son frère qui s'avançait vers lui.

— Je suis heureux, mon cher ami, d'être arrivé si à propos pour t'entendre si bien raisonner ; si tu vas de ce train, tu marches à grands pas vers la fameuse récompense annoncée hier. »

CHAPITRE V.

PARTIE DE PLAISIR SUR L'EAU.

Repos. — Inertie. — Force.

Le changement si vite opéré dans le caractère d'Ernest, qui, de léger et inattentif, devenait de jour en jour plus sérieux et plus réfléchi, remplissait de joie ses excellents parents.

Et quel plus beau sujet de méditation, en effet, peut-on offrir à un cœur sensible et droit que l'étude des phénomènes et des lois de la nature? N'est-ce pas rapprocher l'homme de la Divinité, et le faire passer ainsi de l'amour de la création à l'amour du Créateur?

M. B*** voulut récompenser aussi son fils de ce retour au travail; il organisa une délicieuse pro-

.menade sur l'eau et un goûter chez le bon vieux garde, que l'on prévint dès le soir même, et chez qui l'on fit porter d'amples provisions pour le lendemain.

Le jour suivant, en effet, dès que les devoirs furent terminés et que l'ardeur du soleil de midi fut passée, on se dirigea vers une jolie barque à voile latine. Dans cet esquif prirent place M. et Mme B***, Rosine et sa mère, nos deux écoliers.... et l'indispensable Pierrot.

D'abord cette rive qui semblait fuir, ces arbres apparaissant et disparaissant successivement grâce à la course rapide de la barque, fixèrent l'attention d'Ernest, qui voulut avoir la raison de cet effet d'optique. ·

« N'allons pas si vite en besogne, lui dit son frère, nous reviendrons plus tard là-dessus ; et, puisque nous sommes en voyage, parlons un peu du *mouvement*.

— Qu'entend-on donc par *repos* et *mouvement*, en physique ? demanda l'écolier.

— Cet arbre, attaché à la terre par ses racines, répondit la petite Rosine, que son cousin avait semblé interroger de l'œil, me semble un exemple irrécusable du *repos absolu*, car, bien que le mouvement de la barque me le fasse voir courant comme une gazelle, je suis bien persuadée qu'il ne change pas de place.

— Ah ben oui ! s'écria Pierrot, qui se mêlait de tout ; en repos ! pas possible, mamzelle, puisque notre maître d'école, qui est un savant, allez ! nous disait encore hier que la terre fait tous les jours une cabriole sur elle-même.... tout comme moi quand je fais la roue.

— Il a raison, dit Ernest, en se mordant les lèvres de dépit de n'avoir pas trouvé cela tout de suite ; si la terre tourne, l'arbre lui-même ne peut être considéré comme étant en repos.

— Si Pierrot m'eût laissé achever ma phrase, ajouta Rosine, j'allais expliquer que ce pommier est dans un *repos absolu* comparativement à nous, qui changeons de place ; mais il est dans un *repos relatif*, si nous considérons que la rotation du globe entraîne uniformément tous les objets dans l'orbite qu'elle parcourt.

— Tu as répondu comme un ange, ma Rosine, dit Mme de Monterey en embrassant sa fille.

— Et Pierrot en effet s'est trop pressé, ajouta Ernest Maintenant, Eugène, continua-t-il, dis-moi ce que c'est que l'*inertie*, car je vois ce mot sur ton programme de ce matin.

— C'est cet état d'inaction dans lequel se trouvent les corps inanimés, c'est, en un mot, l'impossibilité où ils sont de se mouvoir d'eux-mêmes.

— De là viennent ces deux mots *résistance* et *force*, dit Rosine, qui s'enhardissait à parler.

—Ces mots-là, je les comprends, s'écria Ernest ;
la *résistance*, c'est ce bateau quand il ne bouge pas ;
la *force*, c'est l'effort que l'on fait pour changer
son état d'inertie en mouvement.

h. CASTELLI

— C'est à peu près cela, dit Eugène ; cependant
ce caillou que je pose sur le strapontin de notre
barque et que tu vois osciller et glisser en tous
sens, selon la pente que le tangage imprime au
banc, sort-il donc de son état d'inertie en vertu
d'une force?...

— Ah ! dit Ernest en se grattant l'oreille, ce
qu'il faisait dans les grandes circonstances, je ne
puis trop expliquer cela. Et toi, cousine?

— Ne serait-ce pas, dit Rosine, sa *pesanteur* qui
le sollicite à suivre les oscillations de ce plan incliné? Or, la pesanteur serait en ce cas une *force*
inhérente à la matière.

— Parfaitement répondu.

—Tiens! tiens! s'écria tout à coup Pierrot, qui se donnait des airs de viser aussi à la science, voyez donc ce bateau de charbon, que deux mariniers remorquent avec deux câbles, — l'un se tenant sur la rive droite et l'autre sur la gauche.

— Certes, je l'aperçois bien, dit Ernest; mais ce qui m'étonne, c'est que je le vois appuyer beaucoup plus à droite qu'à gauche, et pourtant les deux hommes sont à égale distance.

— Pardienne! dit le petit paysan, c'est que celui qui tire à droite y va de tout cœur, et que l'autre est un grand fainéant qui a peur de se fatiguer.

— Ou en d'autres termes, répliqua Eugène, c'est que des deux forces, de droite et de gauche, qui entraînent ce bateau, l'une est plus énergique que l'autre, et il est naturel que le bateau obéisse davantage à celle-là.

— Mais, dit Ernest, cette force qu'emploient un homme, un cheval, une machine quelconque, la vapeur même, pour produire un effet, n'a-t-elle pas pris rang dans le système métrique comme unité, tel que le mètre, le gramme, le litre, etc.?

— Eh mais! s'écria M. B*** émerveillé, voilà une observation qui me prouve que mon Ernest cherche déjà à mettre de l'ordre et de la réflexion dans ses idées.

— Je suis comme papa, enchanté de la question, dit Eugène. En effet, mon cher frère, on peut ajouter à nos unités de mesure la *dynamie*, qui représente une force capable d'élever un mètre cube d'eau à un mètre de hauteur en un jour (24 heures).

— Maintenant, Eugène, dis-moi donc ce que signifie cette expression : machine de la force de cinquante chevaux, de cent, de deux cents chevaux. Est-il bien question ici de véritables chevaux?

— Non pas précisément; car on appelle *force de cheval* ou *cheval-vapeur* une force capable d'élever à un mètre de hauteur 75 kilogrammes en une seconde; de sorte que cinq chevaux-vapeur équivalent à trente bons chevaux ordinaires.

— Et un cheval, comme Coco, dit Pierrot, combien d'hommes vaut-il pour la force?

— Sept à peu près, répondit Eugène.

— Quelle est donc la plus grande force de projection que l'homme puisse produire? dit encore le petit questionneur.

— On peut imprimer à un obus, pesant quatre kilos, avec une charge de six kilogrammes de poudre, une vitesse de sept cent quarante-cinq mètres par seconde.

— De sorte, s'écria en riant le malin petit paysan, que si je me mettais à cheval sur un de ces boulets, je pourrais arriver à la lune en....

— En deux heures, mon cher ami.

— Ah! mon Dieu! mais c'est le temps tout juste d'aller à la Butte-aux-Grives, chez le papa Michaud.

— Et il est bien entendu, ajouta l'éternel bavard de Pierrot, que Coco, le cheval à papa, vaut à lui tout seul sept fois plus que nous. Ayez donc de l'amour-propre après cela! »

CHAPITRE VI.

LE CHEMIN DE FER DE L'HIPPODROME. — FRANCONI LES PAS DU GÉANT.

Mouvement uniforme. — Force centrifuge.

En ce moment, la barque arrivait au but de sa course et non loin de la cabane du père Guillaume, le vieux garde-chasse ; on sauta joyeusement à terre et l'on courut bien vite sous les tilleuls du jardin où un splendide goûter (dont Mme B*** avait fait tous les frais) se trouvait tout préparé. Les convives y firent honneur avec un entrain charmant ; et tout se passa pour le mieux dans cette heureuse réunion de famille.... Pierrot même ne fut ni trop bavard, ni trop curieux.

En sortant de table, Guillaume proposa une

partie de boules sur un terrain bien uni, bien battu et approprié à cet effet.

Notre petit physicien et sa gentille cousine se promirent bien de mettre à profit tous les faits qui auraient trait à leur science favorite. Nous verrons bientôt que les sujets ne leur manquèrent pas. Eugène, du reste, avait donné son programme de questions, et l'on tenait à y répondre.

Ces questions étaient :

« Qu'est-ce que le mouvement *uniforme rectiligne?*

— Le mouvement *curviligne?*

— La force *centrifuge?* »

Ernest, qui suivait de même les boules qui roulaient sur un plan parfaitement uni, poussa le coude de Rosine, et lui demanda si ce ne serait pas là le mouvement uniforme.

« Précisément, répondit celle-ci, et l'on m'a même dit, ajouta-t-elle en riant, mais cela m'est bien difficile à croire, qu'une boule parfaitement ronde, lancée sur un plan qui n'offrirait pas la moindre aspérité (chose physiquement impossible), ne devrait plus s'arrêter.

— Je le comprends, dit l'écolier, car, puisqu'un corps inanimé est incapable de prendre de lui-même aucun mouvement, il ne pourrait, par la même raison, arrêter de lui-même un mouvement acquis : c'est le frottement sur un sol inégal qui détruit l'impulsion.

— Pardienne! je comprends aussi, dit Pierrot, car je me rappelle que l'hiver dernier je m'étais élancé, d'un coup de patin, sur la glace de l'étang, et si bien, que je ne savais pas si je m'arrêterais jamais; mais la glace étant devenue tout

d'un coup raboteuse, ma glissade s'est bientôt ralentie, et j'ai fini par aller me casser le nez au bout de ma course.

— Eh bien! Pierrot, lui dit Eugène en lui frappant sur l'épaule, c'est là du mouvement uniforme tout pur.

— Hier, ajouta Rosine, en jouant au cerceau, je me demandais pourquoi il allait plus vite au troisième, quatrième ou cinquième coup qu'au premier, quoique je le frappasse de ma baguette à coups égaux et à égales distances : je ne puis encore me rendre compte de cette particularité; je voudrais bien que mon grand cousin m'expliquât cela.

— C'est que les forces continues, dit celui-ci,

donnent une vitesse toujours croissante ; ainsi, en supposant que ton cerceau pèse un kilogramme et qu'en une seconde il parcourt trois mètres, au quatrième coup (si tu en donnes un par seconde), il aura acquis une vitesse capable de le faire avancer de douze mètres.

— Absolument comme la bourrique à mon cousin, dit Pierrot, plus on la tape, plus elle va vite.

— Maintenant, dit Ernest, qu'est-ce que le mouvement curviligne ?

— Ah ! ceci nous oblige de demander quelque chose à l'astronomie. »

Alors, au moyen de la canne de M. B***, Rosine traça sur le sable une figure circulaire :

« Voilà le globe céleste placé en haut de ce cercle. Eh bien, figurez-vous qu'il a été lancé par la main du Créateur avec mission de toujours tourner autour du soleil.

— Mais, objecta Ernest, quand je lance ma balle, elle ne tourne pas, elle va tout droit.

— *Tout droit* n'est pas le mot, mon cher cousin, elle décrit, tu ne peux en disconvenir, une courbe... comme, par exemple, l'eau qui coule du tonneau du porteur d'eau.

— Oui, j'avoue qu'elle finit par tomber à terre ; c'est son poids qui l'y entraîne sans doute.

— Autre chose encore ; c'est une force qu'on

nomme *attraction centripète*, c'est-à-dire tendance à se rapprocher du centre.

— Ça serait-il pas cela? dit Pierrot en faisant tournoyer sa balle, qu'il avait attachée au bout d'une ficelle.

— Voilà précisément notre ami Pierrot qui tranche la question, c'est en effet un mouvement de rotation semblable.... moins la corde cependant : aussi mon dessin vous représente le globe sollicité à la fois par les deux forces : celle qui l'emporte et celle qui le retient, et décrivant forcément une courbe parfaite. Ce cerceau que je pose sur mon doigt et que je fais tourner rapidement en sera le premier exemple.

— Oh! j'ai vu plus fort que cela, s'écria le petit paysan; car à la Sainte-Anne dernière, fête de mon village, j'ai admiré de tous mes yeux un bateleur qui faisait tourner un cerceau sur lequel il avait posé un verre plein d'eau, et ni l'eau ni le verre ne tombaient.... nous avons tous crié au sorcier.

— Et la course centrifuge des chars à l'Hippodrome, qu'en dites-vous? ajouta Eugène.

— Oh! c'était prodigieux! s'écrièrent les enfants. On voyait l'homme et le char tourbillonnant dans ce cercle de fer, sur lequel les tenait seulement cette force centrifuge qui devenait d'autant plus pressante, que le mouvement de rotation était plus rapide.

— Ce qui m'effrayait beaucoup aussi, dit Rosine, c'était de voir Franconi courir au triple galop pen-

ché, et pour ainsi dire collé au flanc de son cheval.... S'il eût été moins vite, je n'aurais pas eu si peur.

— C'est-à-dire, objecta Eugène, qu'en allant moins vite il serait infailliblement tombé : car c'était cette force centrifuge qui le tenait, comme tu dis, collé à son cheval.

— Maintenant, dit Ernest, je me rends compte de ces étonnants tours de force, et, loin d'y voir de la sorcellerie, je n'y vois que de la hardiesse.

— Et de la témérité, ajouta M. B*** qui passait en ce moment près des enfants.

— Je conclus facilement de là, dit Eugène, que la fronde, cette arme des anciens....

— Et des nouveaux, interrompit Pierrot, car je m'en sers.... et un peu bien encore.... Vous allez voir cela tout à l'heure....

— La fronde a pour principe la force *centrifuge*, poursuivit Eugène, et je suppose que toute l'adresse du frondeur consiste à bien estimer le moment (ou la tangente) qui tend au but qu'il se propose d'atteindre, afin de lancer sa pierre dans la direction voulue.

— Tenez, admirez ce coup-là, s'écria l'impétueux Pierrot, qui venait de faire une fronde avec une ficelle sur laquelle il avait posé un caillou. Voyez-vous ce pigeon qui passe ? Eh bien ! apprêtez la broche, je vous fais cadeau d'avance de ma chasse. »

La fronde tourna, la pierre siffla dans l'air...

mais crac! ce fut le carreau de la fenêtre de Guillaume qui reçut toute la décharge.

« Maladroit! s'écria-t-on de toutes parts.

— Dame! dit Pierrot un peu confus, c'est que probablement je ne sais pas encore bien la physique, ou que bien sûr j'ai eu un éblouissement. »

La journée se termina par des jeux de toute espèce; la course fut le dernier des amusements. Une pomme, une pêche, une grappe de raisin, telles étaient les récompenses que l'on accordait aux vainqueurs, c'est-à-dire aux plus habiles coureurs, et maître Pierrot, toujours preste et agile, eut une si bonne part des prix qu'il y gagna presque une indigestion. Cependant la bonne Thérèse, femme du garde, venait de faire une brioche si appétissante, que M. B*** voulut en faire un prix spécial.

« Je la destine, dit-il à toute la bande joyeuse des enfants, à celui qui pourra me faire des pas de deux mètres à chaque enjambée.

— Mais, s'écria-t-on de toutes parts, il faudrait pour cela avoir les bottes de sept lieues de l'ogre: la chose est de toute impossibilité.

— Elle est très-possible, au contraire: et cela avec des escarpins et avec vos jambes de neuf à dix ans. Voyons, qui essaye?

— Adieu la brioche! dit piteusement Pierrot;

du reste, continua-t-il du ton qu'avait dû prendre jadis le renard de la fable, je n'ai presque plus faim. »

Et aussitôt il alla s'étendre sous un prunier voisin, où il ne tarda pas à s'endormir du sommeil du juste.

Eugène seul souriait malignement.

« Voyons, dit-il en avisant à peu de distance un pieu immense qu'on y avait planté pour faire un paragrêle : qui pourra me fixer, à l'anneau tournant qui est là-haut, cette longue corde ?

— Moi, s'écria le plus jeune des enfants de Thérèse ; et en un instant, comme un véritable écureuil, il eut grimpé à la cime du pieu et accompli sa besogne. A l'extrémité de cette corde, et à hauteur de ceinture, Eugène fixa transversalement un petit bâton, puis, le saisissant par les deux mains, il se mit à tourner dans l'espace vide qui était autour du mât; sa course fut d'abord modérée ; mais bientôt l'accélération qu'elle acquit par la force centrifuge qui l'emportait, presque malgré lui, devint telle, que ses pieds semblaient ne plus toucher à terre, et tous les spectateurs en battant des mains convinrent unanimement qu'il avait rempli toutes les conditions voulues ; car ses pas étaient ceux d'un géant.

— Et c'est, en effet, la *course des géants*, dit-il en s'arrêtant un peu essoufflé, car c'est ainsi qu'on la nomme à l'école de gymnastique. »

Tous les enfants portèrent triomphalement la fameuse brioche à l'heureux vainqueur, qui la reçut avec une modestie appropriée à la circonstance, et qui eut la magnanimité de la partager entre tous.

Pierrot seul manquait à cette ovation. Ernest, qui l'entendait ronfler sous son prunier, forma aussitôt le projet de le punir de son manque d'égards dans un moment si solennel. Il avait apporté parmi ses joujoux une grosse toupie d'Allemagne : il en fit l'instrument du supplice. En un clin d'œil, il alla la remplir d'eau, il s'approcha à pas de loup du dormeur, et lança tout près de son oreille l'énorme toupie, qui, tournant avec impétuosité et grondant comme un chat en colère, jeta au visage de Pierrot toute l'eau dont elle était remplie. On devine que là la force centrifuge avait fait jaillir le liquide par les trois trous, et ajoutait ainsi une preuve de plus à la démonstration.

Cette plaisanterie termina la journée, et bientôt chacun fit ses préparatifs de départ ; car la nuit approchait.

Disons toutefois que notre petit tournebroche, en allant reprendre son bonnet de coton, le trouva rempli de morceaux de brioche ; car chacun, sans se le dire, était allé lui faire son offrande, et même la part qu'y mit Ernest était la plus grosse. Aussi Pierrot fut-il bientôt consolé.

CHAPITRE VII.

L'AVERSE. — L'ÂNE TÊTU. — LA CARRIÈRE DES SILEX.

Porosité.

Au moment du départ, les tièdes émanations d'un vent du sud-ouest s'étant fait sentir, M. B*** qui craignait que la barque qui les avait amenés ne fût trop difficile à gouverner, d'autant plus qu'il fallait remonter le courant, décida qu'on retournerait par terre à la maison ; c'était du reste varier les plaisirs par le changement de scènes. Pierrot avait dans le voisinage un cousin jardinier ; il alla lui emprunter son âne, qu'il ramena au grand trot d'un air triomphant. Il fut alors convenu qu'on monterait à tour de rôle sur le dos du patient aliboron, et ce fut à Rosine que ses galants compagnons de voyage décernèrent l'honneur de chevaucher jusqu'à la première halte.

M. et Mme B*** et Mme de Monterey cheminaient en devisant à l'arrière-garde, et Pierrot, servant d'écuyer cavalcadour à Rosine, tirait de toutes ses forces le maudit âne, sans pouvoir réussir à l'empêcher de brouter à chaque pas les chardons qui le tentaient.

On avait fait ainsi près d'une demi-lieue, quand Pierrot s'arrêtant, leva le nez au vent et sembla humer l'air de droite et de gauche.

« Qu'as-tu donc Pierrot ? lui dit Eugène en lui frappant sur l'épaule ; est-ce que tu lis dans les astres ?

— Non, mais j'écoute.... je crois bien que c'est l'*Angelus* que j'entends sonner au village de Sainte-Anne, et je vois qu'il faut hâter le pas. Voyez-vous, ajouta-t-il, ces hirondelles, comme elles volent bas, entendez vous les oies et les dindons de la ferme voisine, comme ils crient ?

— Est-ce que tu as peur des dindons, toi ? dit Ernest en éclatant de rire.

— Non, répondit Pierrot ; mais j'ai peur de la pluie.

— Et moi, je pense comme M. l'astronome, ajouta M. B*** en s'approchant, car je sens à mon ancienne blessure, qui en ce moment me parle tout haut, que nous sommes menacés d'une averse. Pressons le pas, mes enfants, ou plutôt cherchons au plus vite un abri. »

Sur cette invitation chacun se hâta, et l'on exécuta une véritable *course au clocher.*

Mais, hélas ! cette marche forcée ne put durer bien longtemps, car, après quelques centaines de pas, ce fut en vain que Rosine frappa de sa houssine sa capricieuse monture. La méchante bourrique se contenta de lever la tête, d'aspirer bruyamment l'air par ses naseaux, et de faire entendre une formidable et discordante musique qui ressemblait à la grande voix du tonnerre dans les montagnes.

Des gouttes d'eau larges et tièdes commençaient cependant à tomber : les dames frémissaient pour leurs chapeaux de paille d'Italie, Rosine pour sa robe gorge de pigeon, Ernest pour son bel uniforme tout neuf, Eugène pour la collection de plantes et de papillons qu'il venait de récolter en route, et Pierrot pour sa veste de nankin, la plus belle pièce de sa toilette.

Enfin, une grotte taillée dans le flanc d'un coteau s'offrit inopinément aux regards des voyageurs. Les dames y coururent, et Rosine, renonçant à lutter plus longtemps contre l'obstination du baudet, sauta bravement à terre et alla bien vite rejoindre sa mère et sa tante ; ses cousins suivirent immédiatement son exemple. Pour Pierrot, comme il avait répondu de l'âne corps pour corps, il ne voulut pas l'abandonner à ses caprices, et reçut stoïquement l'ondée tant qu'il plut au sot

animal de s'ébattre et de se rouler dans la poussière, que la pluie transformait en une boue liquide.

La grotte où l'on s'était réfugié était l'entrée
d'une carrière en exploitation.

Eugène, toujours désireux de tout examiner et
de s'instruire, s'enfonça assez profondément dans
la galerie souterraine ; son père et son frère ne
tardèrent pas à l'y rejoindre.

Un spectacle nouveau, imposant, grandiose, les
émerveillait à chaque pas : c'étaient des voûtes
hardies, taillées en plein roc comme les gigantesques arceaux d'une cathédrale ; puis de curieux
pendentifs de stalactites formées par les concré-
tions de l'eau tombant goutte à goutte.

Quand les premières impressions de surprise
et d'admiration furent calmées, on s'occupa des
détails.

Une dizaine d'ouvriers munis de lampes étaient
disséminés dans les anfractuosités de cette carrière,
appelée la *carrière des silex*, occupés à tailler ces
énormes meules qu'on emploie pour les moulins à
farine. Eugène s'approcha d'un jeune homme qui,
assis sur un bloc, semblait surveiller les ouvriers.

« Avez-vous, lui demanda-t-il en le saluant,
quelque meule prête à être extraite de la masse ? »

Le piqueur, qu'une préoccupation intérieure
semblait absorber, releva subitement la tête.

« Oui..., balbutia-t-il..., là, dans cet angle ; j'en-

La carrière des silex.

tends déjà les craquements et je crois que l'opération touche à sa fin. »

Puis, précédant lui-même les visiteurs, il les conduisit près d'une sorte de plate-forme taillée dans une assise de pierre meulière. On avait tracé sur la masse une immense circonférence, et, de distance en distance, des chevilles d'un bois tendre et spongieux avaient été enfoncées dans des trous forés exprès. Ces chevilles, qu'un ouvrier arrosait d'eau bouillante, occasionnaient les craquements bruyants qui se faisaient entendre, et la pierre se fendait dans le sens du périmètre tracé.

Ernest ouvrait de grands yeux et regardait alternativement son frère et les fentes miraculeuses de cette pierre qui se taillait ainsi toute seule en meule.

« Réfléchis, cherche et tâche de deviner, » lui dit Eugène.

Rosine allait dévoiler le mystère ; mais M. B*** lui fit signe d'attendre encore un peu ; puis, se penchant à l'oreille de son fils :

« Le mot d'ordre, lui dit-il tout bas, est *porosité*.

—J'y suis! j'y suis! s'écria bientôt le petit collégien : l'eau bouillante, s'infiltrant dans les pores du bois, l'oblige à se gonfler tellement, que la pierre même doit forcément céder... Est-ce cela, cousine ?

— J'allais te le dire ; mais mon oncle a préféré, avec raison, que je te laissasse trouver. Ainsi, tu comprends facilement que les pores ne sont pas autre chose que certains petits intervalles qui se trouvent entre les molécules des corps.

— Voici un exemple bien remarquable, dit le jeune piqueur, de la porosité de certaines pierres ; et il fit remarquer à la voûte une partie du roc d'où suintait une eau abondante, claire comme du cristal : ceci est la pierre à filtrer des fontainiers, ajouta-t-il.

— Et avez-vous encore d'autres exemples de porosité ? dit Ernest en parcourant de l'œil l'immensité de la carrière.

— Pas précisément, dit le jeune homme, si ce n'est la peau même des pauvres gens qui taillent ces rocs ; vous voyez qu'elle est inondée de sueur.

— Ainsi notre peau n'est véritablement qu'un filet dont les mailles sont resserrées, mais élastiques, dit Rosine.

— Et le fer, l'or, le verre même et le diamant qui est si dur, sont-ils poreux ? demanda Ernest.

— Le fer doit l'être, répondit la jeune fille, puisqu'en s'échauffant ou se refroidissant il varie de volume ; la fonte est, dit-on, tellement poreuse, que des fontainiers, qui avaient construit un corps de pompe en fonte, furent obligés de la doubler en cuivre, car, sous la pression du piston, l'eau s'échappait du tuyau par les pores. Enfin, on peut appeler poreux le verre et le diamant même, puisqu'ils se laissent pénétrer par la chaleur et la lumière.

— Oh! le diamant; mais c'est la pierre la plus dure que l'on connaisse au monde! s'écria Ernest.

— Et, parmi les pierres communes, laquelle penses-tu être la plus molle? lui dit son frère.

— Dame! la pierre ponce, la craie.

— Et pourtant avec la pierre ponce on polit, on use même le marbre, avec la craie, avec certaines terres même, on avive les métaux les plus durs; un frottement continu avec la main produirait même l'usure sur toutes choses.

— C'est pourtant vrai! dirent les enfants; la *dureté* n'est donc qu'un vain mot!

— Pas tout à fait cependant; car tout dépend de la disposition des molécules. Mais laissons ce chapitre, qui deviendrait trop aride, et tu sais, mon cher Ernest, que la physique en ce moment n'est pas pour nous la physique des savants (attendons que tu sois en rhétorique), ce ne doit être qu'une suite d'observations curieuses et amusantes.

— Eh! frérot! cria tout à coup Pierrot aux oreilles d'Ernest, à qui il fit faire un bond en arrière, est-ce de la *porosité* qui m'a mangé la moitié de mon pantalon? Si ça continue, avant une heure je vais me trouver en culotte courte. »

Or, en ce moment, le petit paysan apparaissait dans le plus piteux de tous les états : il avait eu la malheureuse idée de mettre ce jour-là un magnifique pantalon de toile toute neuve, et, comme il avait reçu toute l'ondée, l'étoffe s'était tellement retirée, que les deux jambes du pantalon laissaient à découvert la presque totalité de ses bas bleus chinés, et, de plus, la ceinture s'était si énergiquement rétrécie, que le pauvre petit bonhomme étouffait.

« Sans doute, lui dit M. B***, c'est la porosité qui est cause du désordre de ta toilette : c'est elle encore qui, tu te le rappelles sans doute, t'a fait faire une si belle escapade, une certaine nuit où tu nous causas une si grande peur en criant « au voleur! » comme si on t'assommait.

— Pardine! j'avais encore plus peur que vous tous allez, puisque au beau milieu de mon sommeil, j'ai été réveillé par toutes les boiseries de la chambre, qui se mirent à craquer comme si un million de rats et d'écureuils les rongeaient.

— Eh bien! c'est l'humidité qui, s'introduisant et dans les réseaux de la toile neuve de ton pantalon et dans les pores des planches de sapin, a fait rétrécir l'un et gonfler les autres. »

Pendant cette conversation, Eugène avait fait quelques tours de promenade dans la carrière avec le jeune contre-maître, qui paraissait très-désireux de causer avec lui. M. B*** fut obligé de rappeler deux fois à son fils que l'orage était passé, le temps remis au beau, et que les dames étaient prêtes à se remettre en marche.

CHAPITRE VIII.

LES BULLES DE SAVON. — LE FIL D'OR DE CENT QUARANTE LIEUES.

Divisibilité.

On se remit donc gaiement en chemin, en ayant soin, cette fois, de prendre la grande route et non la prairie, qui était trop humide.

Quant à l'âne, il était dans un tel état, qu'on ne pouvait plus deviner sa couleur primitive; il s'était tant roulé dans la boue, qu'il n'y avait plus moyen de le prendre, comme on dit, avec des pincettes. Mais, par un grand bonheur, le fils du propriétaire du baudet vint à passer, et Pierrot fut tout heureux de se débarrasser de l'animal.

Eugène cependant marchait d'un air pensif et

peu naturel ; son père s'en aperçut ; alors, s'approchant de lui :

« Que te disait donc ce jeune contre-maître de
la carrière ? lui demanda-t-il.

— Il me racontait ses malheurs et ses secrets de
famille, mon père.

— Voilà, ce me semble, une confiance bien pré-
maturée et un peu extraordinaire.

— Oh ! ce jeune homme est très comme il faut ;
il a reçu m'a-t-il dit, une fort belle éducation et
appartient à des parents riches. •

— Et il est piqueur à six cents francs par an,
au fond d'une carrière !

— C'est que, par suite toujours de ces mêmes
malheurs qu'il me contait, il ne voit plus sa famille.... Mais, je te le répète, mon père, c'est un
jeune homme *très comme il faut.*

— Si tu devais en faire ton ami, je souhaiterais
qu'il fût tel ; mais, si tu veux en croire ma vieille
expérience du monde, méfie toi, mon fils, de tes
premières impressions et d'un enthousiasme qui
peut être louable, au fond, mais qui pourrait avoir
de graves conséquences.

— Me défends-tu de revoir ce jeune homme ? dit
Eugène avec une sorte d'inquiétude et d'émotion.

— Je ne voudrais pas te le défendre, mais du
moins je te conseille presque le contraire. »

La conversation en resta là, car on était arrivé

Le contre-maître.

à la maison. Chacun de nos promeneurs courut
bien vite changer de vêtements, pour en prendre
de plus secs et de plus commodes....

Les dames montèrent dans leur chambre; les
enfants s'installèrent dans leur salle de recréation,
où bientôt ils eurent inventé un amusement nouveau. Ernest et Rosine, ayant rempli une tasse
d'eau de savon, s'escrimaient à qui ferait le mieux,
avec des chalumeaux de paille, de ces magnifiques
globules si légers et nuancés des couleurs de l'arc-
en-ciel, bulles aériennes qui, en apparaissant et
en disparaissant presque instantanément, sont
peut-être bien l'image fidèle de nos célébrités con-
temporaines que l'orage d'un matin fait éclore et
que la tourmente du soir anéantit.

« Je serais bien curieuse de savoir, dit Rosine,
de quelle épaisseur est cette enveloppe si brillante
et si fragile.

— Un consciencieux calculateur, répondit Eugène (car il venait de descendre près des enfants,
peut-être pour s'isoler des pensées qui l'obsédaient),
a trouvé que ces bulles de savon avaient en épaisseur la dix-millième partie d'un millimètre. Note
ceci, Ernest, car nous entrons dans tes questions
du jour : la *divisibilité* de la matière.

— Cette propriété de la divisibilité offre les
exemples les plus curieux et les plus incroyables,
dit Rosine, qui s'enhardissait de plus en plus à

parler de sa science favorite ; je sais qu'un fil tiré à la filière, et doré avec une once d'or, pourrait présenter des traces apparentes de ce métal pendant une longueur de cent quarante-quatre lieues.

— Ah ! mon Dieu ! s'écria-t-on, une once d'or qui irait d'ici à Bordeaux.

— Voici encore une expérience à faire, dit Eugène en ouvrant le tiroir d'un ancien meuble pour y prendre un morceau de carmin ; mais il ne put achever, car Pierrot entrant bruyamment dans la salle, cria, en se bouchant le nez :

— Eh ! frérot ! qu'est-ce que ça sent donc ici? Puis il se mit à flairer de tous côtés.

— Ah ! je me rappelle ce que c'est, dit Eugène, cette odeur provient d'un grain de musc de la grosseur d'une tête d'épingle que j'ai oublié dans ce tiroir depuis mon entrée au collége, c'est-à-dire depuis dix ans, et, vous le voyez, ajouta-t-il en le montrant, depuis dix années il répand au loin ses molécules odorantes, et ne me semble pas visiblement diminué pour cela; mais je reviens à mon carmin. En voici à peu près un centigramme ; eh bien! en le délayant dans ce baquet, qui contient bien cent kilogrammes d'eau, toutes les parties en seront colorées.

— Oh! la divisibilité est immense.... Tiens, Pierrot, dit Rosine au petit paysan, devine, à peu près, combien il pourrait tenir sur la tête d'une aiguille de ces petits animaux infusoires qu'on ne voit qu'à la loupe.

— Dame! si une puce pouvait s'y asseoir, ça serait bien juste.

— Eh bien! plusieurs millions, entends-tu bien cela?

— Par exemple! ceux qui ont dit cela sont de fameux.... savants, ajouta-t-il; mais, à l'inflexion dont il prononça ce mot, on pouvait deviner que ce n'était pas précisément cette épithète qui lui était venue à l'idée.

— Pierrot, dit Ernest, vous avez des manières de dire qui ne sont pas polies.

— Et, pour le punir, ajouta Rosine, il entendra jusqu'au bout tout ce que j'ai à dire sur la divisibilité. Il saura encore que cent quarante mètres de fil de ver à soie pèsent cinq centigrammes; que les émanations du mancenillier, arbre d'Afrique, endorment et font mourir les voyageurs à plusieurs centaines de mètres à la ronde; et qu'enfin, à Breslaw, six mille personnes périrent de la peste, laquelle avait été apportée du Levant dans les plis d'un linge qu'on déploya par hasard quatorze ans après. Maintenant, comme Pierrot a tout entendu bien patiemment, je lui fais grâce du reste et vous engage à remarquer, mes chers cousins, que la pendule marque l'heure d'aller achever nos devoirs avant le dîner. Quant à moi, j'ai mon évangile à apprendre et je ne veux pas recevoir un reproche demain au catéchisme.

— Et moi, dit Pierrot, il faut que j'aille relever de faction ce pauvre Moustache, qui garde le gigot dans la cuisine. »

CHAPITRE IX.

SCÈNE DE SOMNAMBULISME.

Intermède de magnétisme.

Lorsque la nuit fut close, chacun se donna le bonsoir et se retira.

Bientôt, dans cette heureuse maison, un silence absolu régna partout ... Partout ! oh non ! car là-haut, dans ce petit cabinet de travail, parmi ces sphères et ces livres épars, quelqu'un de bien agité, de bien inquiet, veille et se tourmente.

C'est Eugène, qui n'ose ni se coucher ni sortir, qui ne sait s'il doit faire, pour la première fois de sa vie, une démarche pour laquelle il n'aura pas consulté son père. Mais si, d'un côté, il ne veut pas dévier de cette ligne qu'en fils soumis et confiant il s'est tracée, de l'autre, il sent déjà poindre dans son jeune cœur ce sentiment naissant de l'honneur, il entend cette voix nouvelle qui lui crie : « Un honnête homme se doit à sa parole donnée. »

Eugène partira donc, et, toute chevaleresque, toute condamnable peut-être que paraîtra cette démarche, Eugène veut la faire.

Le silence de la nuit, l'éblouissante clarté de la lune, le favorisent. Il sort enfin, il franchit le jardin, se trouve bientôt dans la campagne, et, d'un pas précipité, se dirige vers cette carrière où son rendez-vous d'*honneur* est marqué.

Un seul ami l'accompagne (sera-ce un défenseur?): c'est le fidèle Moustache ; ce bon chien a vu partir son maître, et, instinctivement, il a voulu le suivre.

Les pas de notre jeune et intrépide collégien résonnaient seuls dans la campagne : mais ce silence, cet isolement, ne l'effrayent pas, car sa conscience lui dit qu'il marche peut-être à l'accomplissement d'une bonne action, et la peur ne doit pas l'arrêter.

Une bonne demi-lieue avait déjà été parcourue, et la masse noire de la grotte des silex apparaissait non loin de lui, quand tout à coup Moustache, se mettant en arrêt, dressa ses oreilles et fit entendre un de ces grognements sourds et menaçants qui annoncent un incident futur ou un danger.

On vit en effet une ombre noire se dessiner sur
les parois de la carrière : c'était le contre-maître
qui arrivait au-devant de notre jeune aventurier.

« Que vous êtes bon, lui dit-il, en lui serrant
les mains, d'être venu à moi! Oh! vous me ren-
dez la vie, vous serez mon sauveur. Entrez, entrez,
continua-t-il en le conduisant dans la sombre
galerie de la carrière, j'ai bien des choses à vous
raconter, bien des choses à vous demander surtout.

— Que voulez-vous de moi? lui dit le fils de
M. B***. Hâtez-vous, je vous prie; car ma famille
ignore mon absence, et je ne voudrais pas qu'elle
eût à s'en inquiéter.

— Entrons dans cette seconde galerie, dit l'in-
connu en faisant passer Eugène par une ouverture
assez étroite et qui donnait dans une espèce de
salle circulaire taillée dans le roc; un énorme
bloc de pierre posé sur pivot en fermait l'entrée.

Eugène hésita cependant quelque peu à en fran-
chir le seuil; car Moustache semblait rôder autour
du piqueur en grommelant et s'embarrassant sans
cesse dans leurs jambes, comme pour les retenir;
toutefois Eugène éloigna toute idée de crainte et
passa outre.

Une large pierre carrée se dressait au milieu de
cette salle, comme une table druidique; dessus
étaient quelques papiers, de l'encre et des plumes,
et de plus un vase de forme singulière et d'assez

grande dimension, rempli d'une huile blanchâtre, au centre de laquelle flottait sur un liége une petite veilleuse.

« Que voulez-vous de moi? demanda de nouveau Eugène d'une voix un peu émue.

— Votre père ignore donc votre démarche? lui dit le contre-maître : et ses yeux parurent briller d'une joie étrange.

— Entièrement, fit le fils de M. B***.

— Alors, exclama son introducteur d'une voix plus haute et presque impérative, asseyez-vous et écoutez-moi.... »

Puis le contre-maître, poussant d'un bras herculéen et par une sorte de contraction fébrile cet énorme bloc de roche qui pivotait sur un autre fragment taillé en cuvette et qui formait la seule issue par laquelle ils étaient entrés l'un et l'autre, vint s'asseoir près de son interlocuteur, nous pourrions presque dire son prisonnier.

« Mais, avant de vous écouter, fit Eugène d'une voix assez ferme, dites-moi ce que signifient ces précautions, et... j'ajouterai cette voix impérative que vous semblez prendre avec moi.

— En peu de mots, je vous aurai bientôt mis au fait, dit Adrien Marcel. Écoutez-moi, jeune homme. Comme vous, je me suis assis sur les bancs du lycée; comme vous, j'ai étudié les langues savantes, les sciences exactes, la physique....

la chimie surtout, dit-il encore avec un rire moqueur, et j'ai terminé par la philosophie.... »

Ici un éclat de rire acheva la période.

« Que vous dirai-je enfin ? j'ai suivi la filière
classique ; après mes études de l'intérieur, j'ai dû
les continuer au dehors.... Hélas! hélas! jeune
homme, en faisant mon entrée dans ce monde
que je ne connaissais pas encore, en me frottant
à ces rouages humains qui usent si vite la conscience et la vertu, j'ai, je crois, dévié quelque
peu de cette bonne, de cette honnête philosophie
des classes.... Bref, je me suis trompé de porte,
et, au lieu de prendre mes inscriptions de droit
à cette école fameuse, voisine du Panthéon, au
lieu de rester dans cette sphère du travail et du
devoir, je suis allé frapper plus loin.... » Ici Marcel fit une pause.

Puis il reprit d'un ton plus dégagé : « Je ne puis
disconvenir cependant que le café, le billard, les
bals, les amis, oh! les amis surtout, ne m'aient
fait passer de bons moments. Là! franchement,
la paresse, la dissipation, le tourbillon des plaisirs,
la flamme du punch, le bruit de l'orchestre, et
les amis (toujours les amis !) seraient de belles
inventions, si avec eux on n'y ruinait sa santé, sa
réputation.... et sa famille.

« Et j'avoue, reprit cet éhonté mauvais sujet, que
pour moi l'épreuve et les résultats ont été complets.

« Bientôt enfin, de chute en chute (les honnêtes gens, comme vous, diraient de vice en vice), je suis arrivé à la conclusion. Traqué de toutes parts par mes créanciers, je me suis sauvé ici, où, à l'abri de ces roches discrètes, je viens achever mon cours de philosophie si brusquemment interrompu.

— Enfin, dit Eugène inquiet et se levant de sa place, où voulez-vous en venir ?

— Pourquoi me demander cela d'un ton si brusque ? dit Marcel, qui semblait étudier les progrès que faisait l'altération progressive des traits de son interlocuteur.

— Vous m'aviez] annoncé des confidences [intimes sur votre position, sur vos malheurs, reprit Eugène, et vous ne m'entretenez que des péripéties, peu honorables, permettez-moi de vous le dire, d'une vie de dissipation.... j'ai donc hâte de vous voir arriver à la partie sérieuse de l'entretien que vous m'avez demandé.

— La partie sérieuse, fit le piqueur, nous y arrivons.... Je passe donc les préliminaires et viens tout droit au but. Je suis un homme perdu, si demain je n'ai pas mille francs sous la main.

— Est-ce de moi, monsieur, d'un étudiant encore] au collége, que vous voulez exiger une pareille somme ?

— Aussi n'est-ce pas au collégien que je m'adresse, répondit Marcel, en donnant à sa voix une expression de profonde mélancolie, c'est au bon cœur d'un jeune homme sensible, au fils du riche M. B..., qui n'a jamais rencontré un malheureux sans venir aussitôt à son secours.

— Si vous êtes digne de l'intérêt de mon père, croyez que vous le trouverez toujours indulgent et bon, dit Eugène en se levant et en se dirigeant vers la sortie du souterrain. Je vous promets de l'intéresser en votre faveur. A demain donc. Mais, ajouta le jeune homme, que lui dirai-je de vous?

— Demain, mon cher ami, vous lui direz que dans la grotte de silex, sous un monceau de roches renversées par une explosion, se trouve le corps d'un malheureux que votre inhumanité a laissé misérablement périr ce soir.... Peut-être aura-t-il la pitié de faire porter ce corps en terre sainte ; c'est quelques sous que cela lui coûtera ; il est indulgent et bon, m'avez-vous dit ; il fera bien cela pour moi sans doute.

— Mais grand Dieu ! ajouta Eugène épouvanté, où voulez-vous en venir ? Qui êtes-vous donc, et où suis-je moi-même ?

— Qui je suis, enfant ? s'écria tout à coup Adrien Marcel, en se redressant de toute sa hauteur et donnant à sa voix une expression étrange, je suis le génie de la terre souterraine et vous êtes dans mes domaines. Je suis celui à qui l'on obéit sans murmure quand il commande, et vous êtes mon esclave, si vous ne voulez être ma victime. »

Puis, cet être véritablement infernal ajouta, après avoir consulté en secret sa montre : « Tenez, voyez si les esprits de la terre ne m'obéissent pas au moindre signe. »

Et à l'instant même, en effet, sur un geste de sa main qu'il dirigea vers le fond d'une immense galerie qui semblait s'enfoncer dans les entrailles de la terre, on vit un jet de feu jaillir, puis une sourde et effrayante détonation se fit entendre.

La caverne s'emplit aussitôt d'une épaisse vapeur de soufre.

Eugène, cédant à la violente impression qui l'avait frappé, fléchit sur le sol et tomba dans une sorte d'évanouissement ou de prostration complète.

C'était là qu'en voulait venir l'indigne Marcel, qui, s'approchant aussitôt du malheureux enfant, exerça sur lui cet art diabolique et dominateur qu'on appelle le magnétisme.

Et tel que la vipère qui lance son venin sur le moissonneur endormi, l'implacable expérimentateur déversa sur cet enfant privé momentanément de ses facultés physiques et morales, des flots de cet inexplicable fluide qui, produisant une sorte de léthargie extatique, se rend maître de l'imagination et de la volonté au point de les faire obéir en esclaves au gré de celui qui les domine.

Eugène, arrivé bientôt à l'état de somnambu-. lisme dans lequel le voulait son indigne compagnon, sembla reprendre une énergie fébrile. Il marcha à grands pas, parla, gesticula, puis par une diversion surexcitée par le magnétisme, il se mit ou à réciter des vers latins, ou à babiller avec ce rire forcé que donne la déraison.

Marcel le laissa jeter ce premier feu, il le suivait dans toutes les péripéties du somnambulisme, et tel qu'un tigre qui guette sa proie et la circonscrit de ses regards, il attendait le moment opportun de tomber sur sa victime.

Enfin, au moyen de quelques *passes* magnétiques, l'état somnolent du jeune homme vint à se modifier ; c'était le moment où l'attendait le fourbe, qui le tenait ainsi sous sa puissance.

Marcel s'approchant alors de lui et lui prenant la main.

« Quel âge avez-vous, mon ami ? lui dit-il.

— Qu'importe l'âge quand on a la raison et la volonté ? répondit le fils de M. B... dans une exaltation étrange.

— Votre père est bien riche, n'est-ce pas ?

— Le lui ai-je jamais demandé ? Qu'ai-je donc besoin de le savoir ?

— N'avez-vous pas eu un parent, un oncle, je

crois, presque millionnaire et qui en mourant a fait des dispositions en votre faveur?

— Sans doute ; mais que me fait à moi la somme qu'il peut m'avoir léguée? ce n'est qu'à ma majorité que j'en serai le maître.

— Les majorités s'escomptent comme les billets à échéance, et quelques mille francs promis pour cette époque peuvent bien en valoir mille aujourd'hui.

— C'est ce que pensent en effet les usuriers....

— Et les gens pressés d'argent. Mais tenez, ne passons pas le temps en paroles. Asseyez-vous là ; prenez cette plume, cette feuille de papier blanc et écrivez.

— Ne vous ai-je pas dit que j'ai l'âge de la raison et de la volonté? donc je ne veux ni m'asseoir ni écrire.

— Je le veux ! » s'écria Marcel, en inondant le jeune homme de son fluide dominateur.

Eugène tomba plutôt qu'il ne s'assit sur un banc devant une table.

« Écrivez ... ou jamais votre père ne vous reverra, ou jamais votre mère n'entendra parler de vous.

— Mais ils en mourront, s'écria Eugène, qui, n'ayant plus son esprit, avait toujours son cœur.

— Écrivez donc. »

Et l'infâme Marcel, écrasant sa victime sous son

regard magnétique et puissant lui dicta ces quelques mots :

« Aujourd'hui (la date en blanc) premier jour de ma majorité, usant de la faculté que me donne la loi, de disposer de mon bien, je déclare par ces présentes abandonner au profit de M. Julien Marcel le tiers du legs que m'a laissé mon oncle.

« Fait et signé à.... le....

« EUGÈNE B***. »

« C'est bien, fit Marcel, en pliant ce papier et le serrant dans son portefeuille ; maintenant réveillez-vous. »

Puis il fit ce que font [en pareil cas les magnétiseurs pour réveiller leurs sujets endormis, et il ajouta en ricanant, comme eût ri Méphistophélès en personne :

« Vous, qui avez l'âge de la raison et de la volonté, vous pouvez bien reprendre tout seul le chemin du domicile paternel, je ne vous connais plus. »

Eugène était en effet revenu à lui ; toute somnolence avait disparu et avec elle presque tout souvenir de ce qui venait de se passer. Cependant en voyant là, devant lui, l'indigne piqueur qui, la figure rayonnante de joie, relisait triomphalement le précieux écrit, il eut comme conscience que quelque chose de mal, d'affreux venait de se passer. Il allait en demander l'explication à son nocturne compagnon, quand Moustache, le fidèle Moustache, fit retentir tout à coup la cabane d'un long et sonore hurlement.

Puis des voix se firent entendre au dehors et aussitôt deux gendarmes se précipitèrent dans la caverne.

Une lampe de mineur suspendue à la muraille éclairait cette souterraine demeure. Au moment où les représentants de l'autorité entrèrent, cette lampe se décrocha, on ne sait comment, de son support et vint rendre aux pieds des spectateurs son dernier souffle et sa dernière goutte d'huile. Puis une ombre, passant entre les deux nouveaux venus, disparut bientôt dans la campagne.

Ajoutons toutefois qu'à la suite de cette ombre (qui n'était autre que Marcel) l'intrépide Moustache, le poil hérissé et les yeux en feu s'élança en bonds prodigieux, mordant à belles dents dans les vêtements et les jambes du fuyard.

Eugène, à qui sa conscience certes ne reprochait rien, sortit aussitôt de la caverne avec les deux gendarmes.

L'un d'eux, qui était le commandant de la patrouille, empoigna son prisonnier, l'autre suivit au pas de course les traces de l'ombre fugitive et de l'irascible Moustache.

.. « Allons, jeune homme, dit le caporal Michon à

Eugène, emboîtez le pas et marchons chez M. le maire. »

Eugène, un peu revenu de cette étourdissante émotion, sentit qu'il serait inutile de discuter avec ce soldat, et il le suivit sans répondre.

On prit une route qui se rapprochait un peu de l'habitation de M. B***, et notre jeune téméraire put s'assurer par ses yeux, que tout y était encore silencieux et tranquille. Ce fut un instant de bonheur pour lui, car il pensa qu'on ignorait encore sa disparition.

Mais bientôt, la route se coupant à angle droit avec le chemin qui conduisait à la mairie, il fal-

lut s'éloigner de cette maison chérie, de cet asile
de paix et de bonheur, où bientôt sans doute
allait régner la poignante inquiétude et le désespoir.

Oh! mes enfants, mes enfants, soyez confiants
en vos parents, car si vous saviez ce que les larmes d'une mère ont de douloureux et d'amer!...·

On chemina encore quelques pas, quand tout à
coup le gendarme, s'arrêtant brusquement en
portant sa main à ses jambes.

« Mille cartouches ! s'écria-t-il, qu'est-ce qui

vient de me cingler un si bon coup de houssine sur les mollets?

— Halte-là ! père Michon ! cria une voix stridente et irritée ; si tu fais un pas de plus, je te crève les deux yeux. Ah ! mais....

— Comment, c'est toi, méchant gamin de Pierrot ! dit le vieux caporal ; ah ! tu me payeras cette insulte faite aux mollets de l'autorité !

— Je me moque de tes fuseaux où il n'y a pas de mollets du tout, et de ton autorité, et je te dis, mon vieux père Michon, que tu vas me lâcher bien vite M. Eugène, ou je dénonce demain à ta femme.... tes fréquentes séances au cabaret. »

Le vieux gendarme fit un bond en arrière, et sa colère parut se calmer comme par enchantement ; mais cependant, la réflexion étant venue et l'amour du devoir l'emportant sur l'amour de la paix du ménage, il rempoignait déjà son prisonnier quand heureusement la voix retentissante de l'autre gendarme se fit entendre à quelques centaines de pas.

« Lâche tout, Michon ! je tiens le bon bout ; j'ai mis la main sur le Lucifer de là-bas, et je l'emmène au corps de garde. »

Effectivement, on voyait le soldat entraîner au pas accéléré le perfide Marcel.

« Mille excuses ! dit le caporal en faisant à Eugène le salut militaire, c'est que, voyez-vous, la nuit tous les chats sont gris, et la gendarmerie, dans ce pays-ci, n'a pas l'habitude de faire ses patrouilles en lunettes. »

Les choses commençaient donc à s'éclaircir, notre écolier était libre ; Pierrot, par ce temps d'arrêt de quelques minutes, lui avait fait éviter le désagrément d'être conduit à la mairie, et, peu d'instants après, ils étaient l'un et l'autre rentrés à la maison sans que personne se fût aperçu de leur absence.

CHAPITRE X.

L'OBÉLISQUE. — LES MONTAGNES RUSSES.

Résistance des solides. — Pesanteur.

Le lendemain, au point du jour, l'escapade de
la nuit n'était encore connue de personne ; mais
on pense bien qu'Eugène ne pouvait ni ne voulait
dissimuler sa faute. Aussi M. et Mme B..., en
s'éveillant, avaient-ils vu leur fils repentant, humi-
lié, devant leur lit et leur demandant pardon du
manque de confiance dont il s'était rendu coupable. Tout l'historique, toutes les tribulations de
cette nuit si fertile en incidents, furent racontés
dans les plus minutieux détails. M. B.... soupçon-
nant toutefois une partie de la vérité, car Eugène
n'avait pu dire que ce dont il se souvenait, même

vaguement, prit ses mesures, et dès le jour même il alla faire sa déclaration à qui de droit.

Nous verrons plus tard le résultat de cette extorsion perfide.

Notre collégien fut donc alternativement sermonné, louangé et tout fut oublié.

Cette affaire, qui n'avait pas eu de retentissement ailleurs que dans la chambre de M. et Mme B..., se termina là, et l'on convint qu'il n'en serait plus parlé.

Les enfants, revenus à leurs jeux habituels, se trouvaient réunis dans la salle de verdure consacrée à leurs récréations, et les études physiques reprirent leur cours comme à l'ordinaire.

« Tout le monde comprend bien ce que c'est que le poids d'un objet, dit Ernest en ouvrant ses tablettes, et je n'aurai pas grand'peine à me tirer de ce chapitre-là.

— Peut-être..., dit Rosine. Comment définirais-tu ces mots *pesanteur* et *poids* ?

— Il me semble que c'est la même chose.

— Pas tout à fait. La *pesanteur* est cette cause qui accélère la chute des corps vers un centre commun, et le *poids* est la force nécessaire pour retenir tout objet sur le plan où il s'appuie; or, la pesanteur est une qualité absolue, tandis que le poids est une force relative ; ainsi, cette plume et ce caillou obéissent également à la loi de la pesanteur.

Eugène ne voulait pas dissimuler sa faute (p. 85).

— Pourtant, s'écria Pierrot, voici un petit morceau de sapin que j'enfonce dans cette auge pleine d'eau; eh bien! voyez s'il descend; il remonte, au contraire, et puis, quand je tourne ma broche, je m'aperçois bien que la fumée, au lieu de tomber, vient m'éborgner sans pitié.

— Cette observation, dit Ernest, me semble assez juste; cela me rappelle que l'huile mêlée à l'eau revient à la surface, et que les ballons, abandonnés à eux-mêmes, montent, montent....

— C'est précisément là, dit Rosine, ce qu'on appele *poids;* ce bois sans eau, cette huile toute seule, ce ballon sans gaz, tomberaient à terre comme toutes choses ; mais leur poids étant moindre que celui des milieux qu'ils déplacent, il s'ensuit qu'ils doivent, d'après les lois de l'équilibre, remonter.

— Où irait donc un ballon, objecta Ernest, qui monterait toujours, toujours ainsi?

— Je ne le sais pas au juste, répondit Rosine, un physicien plus savant que moi pourra sans doute vous le dire. Je pense néanmoins que, tant qu'il restera dans notre atmosphère, il sera toujours soumis aux lois de la pesanteur, ou, mieux, de l'attraction; mais si, par impossible, il venait à sortir de la couche d'air qui nous enveloppe, il tournoierait dans l'espace, et Dieu seul sait ce qu'il deviendrait.

— Moi, dit Pierrot, je pensais qu'il irait tout droit à la lune.

— Ainsi, dit Ernest, les corps tombent suivant leur poids, le caillou d'abord, la plume après?

— Et si je vous disais qu'il peut arriver un cas où la plume et le caillou tomberaient avec la même vitesse?

— Mais c'est impossible, cela, cousine!

— Si cependant, continua Rosine, on mettait ces deux objets dans un tube que l'on priverait d'air, et qu'on retournât vivement ce tube, les deux objets arriveraient ensemble à l'autre bout...

— Possible, exclama Pierrot avec un immense bâillement.... Si nous passions à autre chose, hein?

— Encore une toute petite expérience: voici une pièce de cinq francs, puis un petit rond de papier un peu plus étroit que la pièce. Eh bien! si je les laissais tomber séparément, mais du même coup, lequel des deux objets arriverait le premier à terre? dites.

— Pardine, s'écria Pierrot, le petit chiffon de papier papillonnera longtemps encore en l'air après que la grosse pièce sera arrivée à terre.

—Eh bien! essayons les ensemble maintenant.»

Rosine posa simplement la petite rondelle de papier *sous* la pièce de cinq francs et lâcha le tout à la fois.

Les deux objets arrivèrent ensemble sur le sol.

« Je comprends cela, dit Ernest, la pièce a percé pour deux l'air dans lequel on les a abandonnés.

— A la bonne heure! dit Pierrot, j'y vois plus clair cette fois..,. quoique je ne comprenne pas davantage.

— Ainsi, ajouta Rosine, qui était en verve de démonstrations, vous comprenez bien que, plus un corps est pesant, plus sa chute est accélérée ; mais ce que vous ne savez peut-être pas, c'est que l'objet qui tombe va d'autant plus vite qu'il approche du sol.... Ceci est une preuve irrécusable de l'attraction du globe.

— Je n'ai jamais remarqué cela, dit le petit paysan.

— Eh bien! Pierrot, reprit Ernest, regarde de tous tes yeux. »

En disant cela il lança en l'air de toute sa force et verticalement une petite pomme d'api rose et blanche.

Pierrot, qui cherchait peut-être moins à vérifier l'exactitude de l'expérience qu'à rattraper cette appétissante pomme, leva la tête, malgré.. un soleil éblouissant qui l'aveuglait, et la suivit quelque temps des yeux; mais tout à coup il la reçut en plein sur le nez.

« Aïe! aïe! cria-t-il, voilà un poids et une pésanteur! j'en ai vu plus de vingt chandelles!

— Mange l'expérience, lui souffla tout bas à l'oreille la bonne Rosine, cela te consolera. »

Pierrot ne se fit pas prier.

« J'ai cru remarquer en effet, dit Ernest, que la chute était bien plus rapide à la fin qu'au commencement.

— Si elle a mis six secondes pour monter, elle a dû en mettre autant pour descendre; car en partant, elle était mue par la force de projection que lui a imprimée Ernest, et en retombant, elle obéissait à l'attraction terrestre. Mais quoi qu'en dise et quoi qu'en pense Pierrot, il faut que je vous parle encore de la chute des corps.... Si par exemple, un homme se laissait choir d'une tour élevée, il parcourrait quatre mètres neuf décimètres pendant la première seconde; pour la deuxième seconde, ces mêmes quatre mètres multipliés par le carré de deux (ou quatre), ce qui donne dix-neuf mètres six centimètres; pour la troisième seconde, toujours ces mêmes quatre mètres neuf décimètres multipliés par le carré de trois (ou neuf mètres), ce qui donne quarante-quatre mètres un décimètre, et ainsi de suite.

— Il faudrait, pour qu'il en fût sûr, dit naïvement Pierrot, qu'il tînt sa montre en main pendant tout le temps de sa dégringolade ; mais il risquerait fort de la casser en arrivant en bas.

— Oui, sa montre et sa tête, dit Ernest en riant.

Je vois maintenant pourquoi j'ai tant de peine à
m'arrêter quand je descends en courant une côte

Lois de la pesanteur.

rapide; c'est l'accélération de cette espèce de chute
qui m'emporte malgré moi.

— Cette propriété de l'accélération du mouvement, dit Eugène, a donné lieu d'abord à un jeu très-commun maintenant dans les fêtes de village : ce sont ces fauteuils suspendus aux bras d'une roue gigantesque qu'un axe fait tourner.

— Vous concevez que l'homme qui fait tourner l'espèce de balançoire dont je viens de parler, profitant de la force de projection, saisit à la volée chaque char quand il passe, et a peu d'efforts à faire pour entretenir le mouvement de la rotation, une fois que la force d'inertie a été vaincue.

— C'est une fameuse invention pour se casser le cou! dit Pierrot.... voilà mon sentiment.

— Maintenant, reprit Rosine, disons un mot du plan incliné. Je me contenterai de vous dire que, si je ne puis, par exemple, employer qu'une force de cent kilogrammes pour monter une pierre pesant mille kilogrammes, je construirai un chemin incliné dont la *longueur* sera dix fois la *hauteur* à laquelle je veux atteindre, et, par ce moyen, ma pierre étant traînée sur ce plan, pèsera DIX FOIS moins, c'ést-à-dire juste mes cent kilogrammes.

—Et les montagnes russes! voilà un véritable plan incliné. Dieu! que j'avais peur, dit Ernest, quand je dégringolais ainsi au jardin Beaujon. Mais, en vérité, on glisse là-dessus aussi vite que si l'on tombait.

— Pas précisément cependant; je vais vous en expliquer le calcul. Supposons que le plan incliné, ou si vous aimez mieux, les montagnes russes aient la pente que l'on a donnée arbitrairement à ce dessin; supposons encore que, du petit bonhomme qui est dans un char jusqu'au sol, il y ait cinq mètres, distance que l'homme et le char franchiraient *en une seconde*, si par malheur ils venaient à tomber; cherchons maintenant quelle distance tout l'équipage parcourrait en glissant sur la pente. Si donc la pente est estimée former les deux cinquièmes de la perpendicularité, le char ne parcourra que les deux cinquièmes du chemin dans le même temps qu'il aurait mis à tomber perpendiculairement, si quelque accident l'eût précipité du haut en bas. Comprenez-vous?

— Un peu, dit Ernest.

— Moi, dit Pierrot, je comprends que, lorsque je glisse à cheval sur la rampe des escaliers, je mets un peu plus de temps que si je dégringolais tout d'une pièce du haut en bas. »

Rosine allait ajouter encore quelques mots, quand tout à coup les trois enfants firent un bond de frayeur et poussèrent un cri. Ce saisissement était causé par un coup de fusil qu'Eugène tirait à quelques pas d'eux sur un épervier qui emportait un pigeonneau en rasant le sol. On courut bien vite pour voir si la pauvre petite bête était délivrée: heureusement le ravisseur avait reçu la balle dans la tête, et sa victime en était quitte pour avoir eu la queue déplumée.

Rosine recueillit le malheureux pigeon, et l'emporta dans son tablier pour lui faire boire du vin chaud.

« Comme tu as visé juste ! dit Ernest à son frère ; est-ce heureux !

— Si cependant j'avais visé trop juste, répondit Eugène, j'aurais certainement manqué mon coup.

— Ah bah ! et comment cela ?

— Je me suis rappelé, continua le jeune homme, que les objets sont attirés de cinq mètres de la terre (en vertu des lois de l'attraction), dans l'espace d'une seconde ; et j'ai dû viser deux mètres et demi plus haut que mon but.

— Tiens ! s'écria Pierrot, c'est précisément ce que je faisais sans le savoir quand je me battais à coups de mottes de terre avec les amis ; pour les atteindre en plein poitrine, je les visais toujours au bout du nez. Comme ça, continua l'intarissable bavard, celui qui vise une perdrix d'un peu loin a chance, s'il manque, d'attraper un lièvre. » Et il termina cette saillie par un bon gros rire.

Bientôt on rentra à la maison, car il s'y passait quelque chose de nouveau, bien propre à y faire courir tout le monde.

CHAPITRE XI.

LE FAISEUR DE TOURS (PARADE).

Équilibre.

Plan-ran-plan, plan ran-plan, plan, rataplan, rataplan !...

On le voit, ou plutôt on l'entend, c'était le tambour qui résonnait. Un aigre flageolet marquait la mesure et augmentait le charivari. Et de toutes les maisons environnantes les curieux, hommes, femmes et enfants, arrivaient en foule dans la cour de M. B***, qui, avec une gracieuse courtoisie, les invitait à assister une séance en plein vent qu'un faiseur de tours allait donner.

« Arrivez ! arrivez ! criait le charlatan de sa voix glapissante : venez admirer merveilles sur mer

veilles. C'est moi, messieurs et mesdames, qui tra-
vaille habituellement devant les cours étrangères;
j'ai eu l'honneur de faire le grand écart devant Leurs
Majestés les empereurs de Russie et d'Autriche;
j'ai escamoté le mouchoir du grand sultan Mah-
moud; c'est moi également qui ai eu l'insigne honneur d'enlever une pièce de six liards sur le nez
d'un roi du Congo; mais tout cela n'est que de la
bagatelle auprès de ce que je réserve aujourd'hui
à l'honorable assemblée qui m'entoure. »

Ran-plan-plan, ran-plan-plan, plan, rataplan !...

On fit cercle autour du prestidigitateur, et chacun attendit avec impatience le résultat de ses magnifiques promesses. Les dames s'assirent sur des
bancs apportés du jardin; les hommes se tinrent
debout; Pierrot, pour mieux voir, grimpa au haut
d'un arbre, et la séance s'ouvrit.

« Nous allons commencer, dit l'acrobate, par
des tours d'équilibre.

— Ernest, dit tout bas Eugène à son frère, voici
une excellente occasion pour une leçon sur le *centre
de gravité;* c'est précisément la question que j'avais
à te donner pour demain. »

L'escamoteur prit d'abord deux cannes qu'il fit
tourner et voltiger avec une dextérité merveilleuse; puis, recevant l'une d'elles sur l'autre qu'il
tenait horizontalement, il la garda ainsi dans une
immobilité complète.

« Voilà un tour bien adroitement exécuté, dit Ernest.

— C'est bien malin, cela ! s'écria Pierrot du haut de son arbre, il a mis de la colle à son bâton !

— Tu as vu cela, mon gros ? dit le bateleur, et à celui-ci y en a-t-il ? »

Puis il fit sauter un bâton qu'il reçut par un de ses bouts sur son doigt, et il fit ainsi le tour de la société.

« Parfait ! parfait ! cria-t-on de toutes parts.

— Aussi fort que toi, mon vieux, dit encore l'intarissable petit paysan ; regardez, messieurs, mesdames ! »

Et Pierrot, qui venait de casser une branche d'arbre, la faisait osciller sur le creux de sa main.

On le regarda, et les applaudissements allaient éclater en sa faveur ; mais sa malheureuse branche vint tomber en plein sur les cymbales, auxquelles elle fit rendre un son aigre et prolongé. Les louanges alors se changèrent en ricanements moqueurs.

« Ah ! tu veux me faire concurrence ! dit le bateleur piqué. Eh bien ! imite celui-ci, à présent, mon garçon ! »

Il jeta son bâton, prit une épée, et posant sur la pointe une assiette, il la fit pirouetter vivement ; puis, faisant brusquement glisser la pointe de son arme loin du centre de l'assiette, il continua de la faire osciller, malgré la position penchée qu'elle avait prise.

On cria au miracle, au sorcier.

Plusieurs fois même il lança cette assiette en l'air et la reçut chaque fois sur la pointe de son épée, sans cesser, bien entendu, de la faire tourner le plus vivement possible.

« Mais cette fois encore, dit Eugène, il serait bien difficile d'expliquer où se trouve le centre de gravité ; puisque le mouvement de rotation s'exécute sur un point tout à fait excentrique, et que, par conséquent, le côté le plus lourd....

— Est partout à la fois, interrompit son frère ; car c'est en le déplaçant sans cesse qu'on ne lui donne pas le temps de peser plus d'un côté que de l'autre.

— Je comprends maintenant, répliqua Ernest, ce que c'est que le centre de gravité : ce doit être la somme de toutes les forces ou de toutes les pesanteurs d'un corps concentrées sur un seul point.

— C'est cela, mon ami ; ainsi le centre de gravité d'un homme debout est vers le creux de l'estomac.

— Et mes petits Prussiens ! dit l'escamoteur en posant sur la table de petits bonshommes en liége qu'on avait beau renverser et qui se relevaient toujours, parce qu'ils étaient lestés à leur extrémité inférieure par un fort clou à tête arrondie ; et ma petite poupée roulante ! ajouta-t-il, la voyez-vous saluer en avant, en arrière, et ne jamais tomber? (Or cette poupée était montée sur un rouleau vide dans lequel oscillait aussi un cylindre pesant qui lui conservait sans cesse son centre de gravité.)

— Pensez-vous, continua le faiseur de tours, que ces particuliers-là ont le centre de gravité dans le creux de l'estomac, surtout mon gros poussah en lunettes vertes? Mais vous allez voir, au reste, que moi, qui suis bien en chair et en os, je déjoue tous les calculs des lois de l'équilibre stable. »

A ces mots il exécuta, à l'aide d'un tabouret, et en se soutenant d'un bras étendu horizontalement, deux tours de force qui consistaient à se tenir dans une position horizontale sans que ses pieds touchassent à terre.

« J'avoue que ces tours sont bien forts, dit Eugène, mais ici la statique n'a rien à voir ; cet équilibre momentané est dû à la force musculaire des bras et des poignets, et je pense. .. »

Mais, patatras ! voici qu'un cri et un bruit de branches cassées se fit entendre tout à coup, et maître Pierrot, qui du haut de son arbre imitait comme un vrai singe tous les tours du charlatan, se laissa choir et vint tomber juste sur la grosse caisse, qu'il creva et dans laquelle il disparut comme une lettre à la poste.

On courut à lui, on le releva, on l'interrogea ; mais l'espiègle, sortant d'un seul bond de son tambour défoncé, prouva, en faisant une pirouette, qu'il ne s'était fait aucun mal.

« Allons! dit-il en s'éloignant, afin de cacher sa honte derrière les spectateurs, celui-là en sait plus long que moi, décidément.

— Eh bien! messieurs, dit l'acrobate, puisque M. Pierrot s'avoue vaincu, je terminerai la séance par ma propre apothéose. »

Alors il posa un tabouret sur une table, puis un long chandelier de bois sur ce tabouret, et, montant au faîte de cet échafaudage avec un balancier, il exécuta une superbe pose académique ; ce qui termina la séance et provoqua les bruyants applaudissements de la foule émerveillée.

M. B*** récompensa généreusement l'adroit saltimbanque, et l'on se quitta enchanté de part et d'autre.

Quand toute la maison fut rentrée dans son calme habituel, les enfants entourèrent Eugène pour le prier de leur donner quelques explications sur le centre de gravité.

« Dans tout corps régulier, dit le jeune B***, tant qu'il y a homogénéité (c'est-à-dire même substance, même épaisseur, etc.), le centre de gravité se trouvera en tirant des lignes d'un angle à l'autre ; le point d'intersection de ces lignes indiquera la place où le corps peut être tenu en équilibre. Dans une boule, ou sphère, continua-t-il, le centre de gravité

Pierrot tombe dans la grosse caisse. (P. 101.)

est au centre même de la boule, et son point d'é-
quilibre est partout. Si cependant une bille de billard,
par exemple, ne se tenait immobile sur tous ses
points ou déviait de son chemin droit en roulant,
c'est qu'il se trouverait dans sa masse, mais non
au centre, une accumulation accidentelle de molécules plus lourdes.

— Et dans un œuf, dit Pierrot, où est le centre
de gravité? Pour ma part, je n'en ai jamais pu faire
tenir un sur la pointe.... qu'en le choquant un peu
fort sur la table.

— Comme la base de sustentation est fort étroite,
ce tour d'adresse est toujours très-difficile, pour
ne pas dire impossible, à exécuter, à moins qu'on
ne triche un peu, comme l'a fait Pierrot, en élar-
gissant la base par un petit choc. Du reste, c'est
le procédé qu'employa un jour Christophe Colomb
pour répondre aux sottes questions de quelques
ergoteurs qui le contrecarraient. Il est donc bien
établi, dès à présent, que tout objet est d'autant
plus stable que sa base d'appui est plus large,
et il l'est d'autant plus aussi que son centre de
gravité est plus rapproché de cette base. C'est
ce que nous allons examiner tout à l'heure. Ainsi,
un verre à pied plein de liquide sera bien moins
stable qu'une bouteille à large ventre; un vase
Médicis qu'un vase étrusque, etc.

— Je me rappelle, à ce sujet, dit Ernest, que tu

as parlé tout à l'heure du centre de gravité de
l'homme, en disant qu'il est vers le creux de l'estomac quand il se tient droit : mais il arrive mille
circonstances où, dans les mouvements du corps,
dans la marche, dans d'autres exercices, ce centre
doit se déplacer.

— Alors, tu dois concevoir, dit Eugène qu'on
cherche immédiatement, en se portant du côté opposé, à contre-balancer cet excès de poids, ou,
pour mieux dire, à rétablir bien vite l'équilibre
compromis par une fausse position ou par l'excès
d'un fardeau. Ainsi, un homme qui porte un lourd
paquet *sur son dos* doit se pencher en avant; s'il le
porte dans ses bras, il se rejettera en arrière. Une
femme qui porte un panier au bras gauche se
tiendra forcément penchée à droite. Ainsi, un porteur d'eau se fatigue moins en portant deux seaux
qu'un seul.

— Tiens! dit Pierrot, après avoir regardé les
dessins de ces différentes positions qu'Ernest avait
tracés sur son album, nous faisons aussi de la statique, nous autres petits gamins (je parle de moi
et de mes camarades) : quand nous avons une butte
un peu longue et roide à monter, nous nous ap-
puyons épaule contre épaule, et nous montons
ainsi sans nous fatiguer.

—L'observation de Pierrot vient fort à propos pour
me rappeler un cas que j'allais oublier; c'est préci-

sément celui-ci : lorsque deux masses quelconques
sont appuyées l'une contre l'autre par leur partie
supérieure, toute la pesanteur se trouve à ce
point de jonction et c'est de là que descend la
ligne verticale.

— Mais mon cousin, dit Rosine, comment expli-
que-t-on la stabilité de la tour penchée de Pise,
qui, dit-on, est hors de sa ligne d'aplomb de
cinq mètres au moins, et cela depuis bien des
années?

— Cela n'est pas difficile, s'écria Ernest; je vais
tout de suite, à l'aide d'un jeu de dominos, t'en
donner la solution. »

Et aussitôt il fit une belle pyramide inclinée
qu'il sut élever de toute la hauteur du jeu entier.

« Vous voyez, continua Ernest, que, tant que la
ligne verticale de ma pyramide ne sort pas de la
base d'appui; rien ne bouge; mais je crois qu'avec
un domino de plus, tout serait démoli.

— Et vous voyez aussi, ajouta Eugène, qui
venait de dessiner une tour penchée, qu'il en est
de même du tour de force que l'architecte a tenté
à Pise.

— A mon tour, dit Rosine, je vais vous proposer
mon petit problème : c'est de poser sur la table
ces trois couteaux, de manière que les lames ne
touchent pas au sol et qu'on puisse même poser
un verre dessus.

— Oh! oh! dirent Ernest et Pierrot, cela est un peu difficile; essayons, cependant, » On tourna, on retourna, on enchevêtra de cent façons différentes les trois couteaux : personne n'en put venir à bout.

La jeune fille riait beaucoup de leur embarras; elle exécuta le problème en plaçant ainsi les couteaux : les trois manches formaient d'abord les sommets d'un triangle, puis les lames étaient posées l'une sur l'autre, de manière que chacune de leurs extrémités se trouvait moitié recouvrant et moitié découvrant une pointe. Un poids assez lourd fut en effet posé sur ce petit faisceau sans qu'il touchât le sol par son sommet.

« Bien sûr, dit Pierrot, l'escamoteur n'aura plus rien à nous apprendre, car nous devenons aussi sorciers que lui.

— Ne vous êtes-vous jamais demandé, dit le jeune B***, en voyant ces voûtes hardies des monuments, comment les pierres de taille étaient agencées pour tenir ainsi sans support?

— Oui, dit Ernest, j'en ai fait souvent la réflexion; mais je ne me suis jamais rendu compte du procédé employé. Probablement ce qu'on appelle la clef de voûte est une pierre extrêmement légère et mince.

— C'est tout le contraire, car plus la voûte est chargée au sommet, plus elle est solide; du reste, examine bien ce dessin, et tu comprendras. »

Le jeune homme dessina alors une voûte où il démontra que l'entablement, pesant de tout son poids sur la pierre du centre (clef de voûte) taillée diagonalement des deux côtés, la faisait peser à son tour sur les pierres adjacentes, qui se déchargeant elles-mêmes de ce poids sur les pierres immédiatement inférieures, reportaient toute cette pesanteur sur les deux piliers perpendiculaires.

Pendant qu'Eugène traçait ce dessin, Pierrot avait disparu; bientôt il revint grimpé sur deux échasses et tenant un long bâton à la main.

« Eh! eh! s'écria-t-il, voici un centre de gravité un peu haut perché! hein?

— Ah! mais, en effet, objecta Ernest, voilà deux quilles qui offrent une base de sustentation bien exiguë. On dit pourtant que les habitants des Landes sont aussi solides sur leurs échasses que nous sur nos jambes.

— Aussi solides n'est pas le mot, car, lorsque l'équilibre se trouve compromis dans leur marche gigantesque à travers les bruyères, ils ont grand soin de le rétablir bien vite au moyen de leur bâton d'appui.....

— Ce qui fait une base triangulaire, dit Eugène.

— Précisément; alors la stabilité est parfaite... tant qu'on est prudent toutefois, et qu'on ne court pas trop fort.

— Je prendrai occasion de cette circonstance,

continua Eugène, pour poser ce principe, que, plus le centre de gravité est élevé au-dessus de la base de sustentation, moins l'objet a de stabilité.

— Ah! pour cela, je le comprends, s'écria Pierrot du haut de ses échasses ; car, la semaine dernière, j'étais avec le cocher de la maison sur son *tandem*, pour essayer ce nouveau cheval que vient d'acheter votre père, et je suis payé, ajouta-t-il en se frottant les reins, pour croire qu'il y a du danger à se jucher trop haut.

— Et moi, dit Rosine, j'irais toute ma vie dans la voiture basse de ma marraine que je n'aurais jamais peur, car on est assis au niveau des roues.

— Vous comprendrez facilement, d'après la hauteur de ces deux voitures, qu'il en est de même d'une diligence trop chargée sur l'impériale, ou encore d'un navire dont toute la cargaison serait placée sur le pont au lieu de l'être à fond de cale, ou dont les voiles hautes seulement seraient au vent.

— Nous voyons parfaitement maintenant, dirent les enfants, de quelle utilité il est de rapprocher toujours le centre de gravité de la base de sustentation.

— Et quand on peut le mettre *au-dessous*, ajouta Eugène, cela vaut encore mieux ; c'est ainsi que le *lest* d'un vaisseau est au-dessous de la flottaison. »

CHAPITRE XII.

PARTIE DE NATATION. — INTRÉPIDITÉ D'ERNEST.

Propriétés des liquides. — Pesanteur spécifique.

Le lendemain, M. B**ⁱ*** annonça à ses enfants qu'ayant quelques réparations à ordonner dans un moulin dont il était le propriétaire, il proposait à toute la famille de s'y rendre par eau. On pense bien que cette bonne nouvelle fut accueillie avec une joie unanime.

« Nous pêcherons, dirent les dames.

— Nous nous baignerons, ajoutèrent les garçons.

— Et nous ferons de magnifiques ricochets sur l'eau, » s'écria Pierrot en gambadant.

Les devoirs de grec et de latin furent expédiés

dès le matin. On prépara les engins de pêche, les vêtements de bain, et des ordres furent donnés à la cuisine pour qu'on apprêtât un dîner qui pût s'emporter dans la cabine de la nacelle.

Vers trois heures, enfin, on s'embarqua ; un vent frais et favorable fit glisser le petit navire sur l'onde aux reflets bleus, et la navigation s'opéra heureusement, charmée par le doux chant des dames, qu'Eugène accompagnait de son hautbois.

Quand on fut arrivé à destination, M. B*** alla trouver ses ouvriers ; Mme B***, ainsi que Mme de Monterey et sa bonne petite Rosine, coururent s'asseoir, avec leurs lignes, dans une petite anse ombragée par des saules, pour attendre patiemment que les goujons et les ablettes vinssent mordre à l'hameçon.

Quant à nos jeunes gens, ils eurent bientôt trouvé un endroit ombragé, retiré et peu profond, de cette rivière limpide, qui leur promettait tous les charmes du bain.

« Quel sera mon programme d'aujourd'hui ? dit Ernest à son frère.

— Eh bien ! répondit celui-ci, afin que tu sois bien pénétré de ton sujet, nous choisirons *les propriétés des liquides*.

— Soit, » dit Ernest en entrant dans l'eau, tandis que Pierrot, à quelques brassées de là, faisait de magnifiques plongeons.

Ernest était petit et fluet, et, malgré les principes de natation que lui donnait son frère, il avait de la peine à se tenir à la surface.

« Pourquoi donc, dit-il à Eugène, ai-je tant d'efforts à faire pour me tenir sur l'eau, tandis que notre gros Pierrot se berce là comme s'il était dans son lit?

— Avant de répondre à cette question, dit Eugène, permets-moi de t'en faire une autre. Pourquoi notre barque, qui tout à l'heure contenait six ou sept personnes, se tenait-elle sur l'eau sans sombrer? Réfléchis bien avant de répondre.

— Ah! mais le problème est un peu fort; car enfin, si nous nous posions ainsi tous sur l'eau, il n'y a pas de doute que nous irions au fond, et la barque s'enfonce à peine de quelques décimètres... Je cherche et ne devine pas.

— Mais, dit Eugène, cette barque, en s'enfonçant, ne déplace-t-elle pas une masse de liquide égale à la masse même qui s'enfonce?

— Précisément.

— Eh bien! si la masse de liquide déplacée pèse, par exemple, cinq cents kilogrammes, c'est juste cinq cents kilogrammes que la barque pèsera de moins. Le principe peut donc se formuler ainsi : *un corps plongé dans l'eau perd en poids juste ce que pèse la quantité d'eau qu'il déplace.* Et voilà pourquoi toi, qui es mince comme une aiguille, tu dé-

places beaucoup moins d'eau que Pierrot, qui a
l'air, là-bas, d'un vrai baril.

— Je comprends parfaitement, dit Ernest. Eh
bien ! dis-moi maintenant à quoi je dois attribuer
cette pression qui m'étreint de toutes parts et qui
m'oppresse tant la poitrine quand j'entre tout doucement dans la rivière ; l'eau est pourtant un
corps extrêmement fluide.

— Sache que les liquides exercent sur les corps
qu'ils enveloppent une pression de bas en haut, de
haut en bas, et aussi une pression latérale, c'est-
à-dire de côté ; et, pour en avoir une preuve pal-
pable, tiens, prends ce petit caillou rond et plat et
laisse-le tomber à cet endroit-ci, où l'eau est tranquille et transparente.... Ne vois-tu pas que plus
ce caillou s'enfonce plus il va vite ? C'est ici la pression de haut en bas. Maintenant pose, le plus bas
possible, cette planchette carrée, puis lâche-la....
Ne la vois-tu pas remonter toute seule et avec une
vitesse égale, quoique en sens contraire, à celle de
la pierre ? On appelle cela la pression, ou la poussée de bas en haut. Enfin, voici ma dernière expérience pour la poussée latérale. »

Eugène prit alors un petit baril vide qui était
dans la barque et le remplit d'eau, ayant soin de
le bien boucher ; puis, le posant sur une large
planche carrée comme un radeau il reprit :

« L'eau contenue dans ce baril exerce, comme

tu vas le voir, une pression sur les flancs latéraux de son contenant; je vais faire une ouverture, avec ce foret, sur un des côtés : l'eau, s'écoulant par cet orifice, n'exercera plus de pression que sur le côté opposé, et ce que tu vas voir te le prouvera évidemment. »

Et, en effet, à peine l'eau eut-elle commencé à s'écouler à gauche, que le radeau, qui jusqu'alors était resté immobile, commença à aller à la dérive vers la droite.

« Oh ! cette expérience est convaincante ! s'écria Ernest, et je comprends parfaitement la poussée latérale ; je ne suis pas aussi bien convaincu, toutefois, de la loi de pression de haut en bas ; car enfin ce caillou que j'ai laissé glisser au fond de l'eau n'obéissait peut-être qu'à sa propre pesanteur.

— Eh bien ! répliqua Eugène, voyons donc à essayer d'une autre expérience. »

Il reprit alors ce même baril, le remplit de nouveau, et le dressa sur un de ses fonds ; puis, faisant avec son foret, trois trous, et le troisième presque au niveau du sol :

« Penses-tu, dit Eugène, que la pression soit égale sur tous les points ? Regarde : le filet d'eau tombe presque perpendiculairement du haut ; il forme un arc de cercle bien prononcé au milieu, et jaillit horizontalement vers le bas, là où la pression est la plus forte.

« — Ohé ! ohé ! vous autres ! s'écria tout à coup Pierrot, qui venait de s'élancer dans la barque, dont il apprêtait les avirons en toute hâte, au secours ! un homme à l'eau ! »

A ces cris d'alarme, Eugène et son frère portèrent les regards sur la rive opposée, et virent, en effet, un homme âgé dont le pied avait glissé sur la berge, et qui se débattait dans les flots. D'un bond, le jeune B*** fut dans sa barque, et força de rames aussitôt pour voler au secours de ce malheureux. Pour Ernest, à qui son frère venait d'attacher des vessies sous les bras pour lui donner une leçon de natation par principes, il n'eut ni le sang-froid ni la pensée de calculer s'il y avait du danger pour lui à traverser le courant, et, emporté par l'élan de son bon cœur, il se jeta bravement à l'eau et nagea avec vigueur vers le point où l'on réclamait assistance. Ni les cris de son frère, qui le voyait parfois faiblir et fendre le courant avec peine, ni la gravité de sa périlleuse position, n'arrêtèrent cet excellent enfant : il ne voyait là qu'une mission d'humanité à remplir, et déjà, par le cœur, il se sentait homme accompli.

Oh ! si sa pauvre mère avait été là, si elle avait vu ses efforts et son danger ! Mais Dieu lui épargna cette anxiété et veilla sur son enfant.

Avant même, en effet, que la barque les eût re-

Le vieillard était hors de péril. (P. 119.)

joints, le vieillard et son courageux sauveur étaient
hors de péril ; car Ernest avait saisi cet homme
au moment où il allait disparaître dans le gouffre,
puis l'ayant facilement repoussé jusque sur le ga-
let de la rive, il l'avait arraché à une mort certaine.

Des secours empressés lui furent prodigués par
les trois enfants. Heureusement, il n'éprouva de
cet accident d'autre mal qu'une immersion, toujours fort peu agréable, il est vrai, mais qui, en
plein été, ne pouvait avoir de suites graves. Eugène reconnut bientôt en lui un ami de son père,
M. de Saint-Martin, ancien professeur au Collége de
France, et dont l'habitation était à peu de distance
de là. Le vieillard fut aussitôt reconduit chez lui
et remis aux bons soins de sa famille, déjà in-
quiète de son absence.

Je ne parlerai pas des transports de gratitude de
M. de Saint-Martin envers ces généreux enfants :
on pense bien qu'ils furent vifs et sincères. Il promit, du reste, que, sitôt que l'émotion et le malaise qui étaient résultés de cet événement seraient passés, il irait les remercier chez eux. Il fut
convenu qu'on ne prolongerait pas davantage la
partie de natation, car cette scène avait réellement
trop impressionné nos trois nageurs pour qu'ils
songeassent à reprendre leurs jeux. Les enfants
retournèrent donc à la barque un peu plus graves

et plus silencieux que de coutume, mais l'esprit heureux et tranquille, et l'on repassa la rivière.

A peine la barque touchait-elle au rivage, que la voix de M. B***, qui appelait tout le monde au dîner, se fit entendre. Un repas splendide avait été dressé sur l'herbe, et les dames étaient déjà assises alentour. Les enfants, par un excès de modestie, convinrent de ne pas parler de l'incident qui venait d'avoir lieu ; mais ils avaient compté sans la langue de ce bavard de Pierrot, car, lorsque Mme B***, pensant qu'ils avaient passé tout leur temps à jouer, leur dit : « Pour nous, messieurs, nous avons mieux travaillé que vous, car nous avons fourni notre contingent au dîner ; voyez : ces deux plats de carpes et de friture sont le produit de notre pêche.

— Ah bien ! s'écria le petit paysan, si nous vous servions sur un plat le gros goujon que nous avons repêché, vous le trouveriez peut-être un peu coriace. »

Eugène et Ernest ne purent s'empêcher de rire de cette mauvaise plaisanterie, dont leurs parents voulurent avoir l'explication. Il fallut révéler le secret, et l'on devine aisément combien ces bons enfants furent applaudis, fêtés, embrassés. M. B*** annonça que, dès le jour même, notre petit collégien pouvait compter sur ce fameux fusil de chasse si solennellement promis ; l'excellente tante promit d'y ajouter une belle carnassière avec tous ses accessoires, poire à poudre, plomb, capsules, etc , et la bonne et tendre maman s'acquitta, séance tenante, de sa promesse, en embrassant avec effusion son enfant chéri, dont le sang-froid, le courage et le noble cœur montraient déjà une si heureuse précocité.

Après le dîner, qui fut très-gai, les enfants, rendus à leurs jeux, se réunirent sur la rive pour visiter les écluses, courir…. et causer un peu physique.

« Ce qui m'a fait bien rire, dit Pierrot en interrompant Ernest, qui avait ramené la conversation sur l'accident du pauvre M. de Saint-Martin, c'était de voir frérot nageant de tout son cœur avec deux gros paquets sous les bras ; il allait si vite avec cela, qu'on l'aurait pris pour un vrai poisson.

— Ces paquets, dit Eugène, étaient des vessies gonflées d'air : elles ajoutaient au volume propre du corps d'Ernest, et l'eau qu'elles déplaçaient diminuait d'autant le poids total.

— Est-il vrai, demanda Rosine, que l'eau de mer supporte bien mieux les corps que ne le fait l'eau de rivière ?

— De deux centièmes environ : un œuf flotte à sa surface, ce qui ne pourrait arriver dans l'eau douce : aussi, un homme qui tombe à la mer a-t-il bien plus de chances d'être sauvé que s'il tombait dans le canal Saint-Martin, à Paris.

— Oh! mais savez-vous, s'écria Pierrot avec une moue bien caractérisée, que vous n'êtes pas amusants du tout aujourd'hui! J'aime décidément mieux la physique à la manière du sauteur de corde dont j'ai crevé le tambour en tombant à pile ou face au beau milieu; au moins on a ri, et c'est mon fort, à moi, de rire. »

Eugène allait donner une admonestation sévère à ce petit étourneau qui venait toujours jeter quelque lazzi à travers les discussions, quand M. B*** pensa qu'il était l'heure de songer au retour; il vint donner le signal. En peu d'instants toute la petite caravane fut réinstallée dans la barque, et, à un signal donné, on mit la voile au vent, et l'on reprit le chemin de la maison.

CHAPITRE XIII.

CADEAUX MAGNIFIQUES ET ANONYMES.

Niveau. — Jets d'eau. — Lampes. — Pompes aspirantes.

Lorsque la barque passa devant l'habitation de
M. de Saint-Martin, M. et Mme B*** descendirent à
terre pour aller savoir des nouvelles du bon vieux
professeur. Quelques instants après ils revinrent,
annonçant qu'il était en parfaite santé et qu'il les
avait chargés de mille nouveaux remercîments
pour les enfants.

M. B*** avait cependant un air moitié satisfait,
moitié contrarié, qui n'échappa pas à Mme de
Monterey, et même à Eugène. Ils essayèrent d'en
pénétrer le motif par quelques questions insi-
nuantes ; mais quelque adresse qu'ils y missent,

ils ne purent rien savoir de positif. Mme B*** dit cependant en riant :

« M. de Saint-Martin vous porte tous dans son cœur, mes enfants, et demain.... »

Mais, à un coup d'œil de son mari, elle s'arrêta court, puis reprit d'une voix plus basse :

« Allons, décidément, les dames savent moins se taire que les messieurs. »

Quelque intriguée que fût la société par cette réticence, on n'osa insister, et le voyage s'acheva sous l'impression d'une sorte d'impatience qui faisait sourire Mme B***, mais qui ne put rien changer à sa résolution bien arrêtée de se taire.

La journée du lendemain se partagea, comme à l'ordinaire, entre l'étude et le jeu. Vers onze heures, la cloche de l'office rappela tout le monde à la salle à manger.

Près de la table se trouvaient déposées trois caisses, dont deux assez volumineuses. Sur l'une étaient écrits ces mots :

« *Au jeune et studieux lauréat du lycée de***.* »

Sur la seconde on lisait :

« *A Ernest B***, hommage à un bon et noble cœur.* »

Et enfin, la troisième portait pour toute inscription :

« *Au bon petit Pierrot.* »

— Qu'est-ce que tout cela veut dire ? s'écria-t-on de toutes parts.

M. B*** fit un geste bien connu pour dire : Je ne sais.

Eugène, cependant, portait alternativement ses regards sur sa mère et sur la caisse.

Ernest secouait la sienne et tiraillait les cordes qui la fermaient.

Pierrot, enfin, le nez collé aux jointures, flairait et aspirait de toutes ses forces pour essayer si son odorat lui apprendrait quelque chose sur le contenu de la sienne.

« Déjeunons toujours, dit M. B*** avec un flegme désespérant, nous aurons tout le temps après de rompre ces cordes et ces cachets.... Qu'en dis-tu, Eugène ? »

Eugène chercha quelques instants sa réponse ; enfin, obéissant à sa franchise naturelle :

« Je ne te cacherai pas, mon père, dit-il, que je déjeunerai plus tranquillement et de bien meilleur appétit lorsque ces mystérieux présents nous seront connus.

— Moi, dit Ernest, je pense que la pendule avance énormément, et que nous aurions bien le temps de soulever un petit coin de ces planches avant que l'heure du déjeuner eût sonné.

— Et Pierrot, qu'en dit-il ? objecta Mme B*** qui jouissait malignement de l'impatience de tous.

— Oh ! s'écria Pierrot, moi, je n'ai pas la plus petite miette de faim.... et les médecins disent que c'est très-mauvais de manger sans appétit.

— Allons, nous demandons grâce pour ces pauvres âmes en peine, dirent Mme de Monterey et sa
sœur en entrant dans la salle et apportant des
marteaux et des tenailles.

— Qu'il soit donc fait comme vous le désirez ! »
exclama M. B*** d'un ton comique de résignation.

A ce signal, tous les ouvriers se mirent à l'œuvre ; chacun cognait, tirait, arrachait les clous, les
cordes et les cachets.

Voici enfin ce que l'on trouva.

La caisse à l'adresse d'Eugène offrait le plus sé-
duisant spectacle qui pût charmer les yeux d'un
écolier. C'était une admirable collection de livres
splendidement reliés : d'abord, une belle édition
de tous les bons auteurs classiques publiés par
Hachette ; puis quelques livres de choix moins
sérieux.

Notre pauvre Eugène en était muet de saisissement, car c'était là le trésor qu'il rêvait depuis
longtemps.

Dans la caisse d'Ernest, sous une pancarte qui
portait ces mots : « Encouragement à l'étude de la
physique, » brillait et étincelait un amas de jolis
instruments de physique : machine électrique,
pistolets de Volta, fers aimantés, machine pneumatique, fontaine intermittente, etc., etc. Ce n'é-
tait que cuivre et cristal.

« Oh ! j'en deviendrai fou de bonheur ! s'écria

l'enfant en tenant sa tête à deux mains. Quoi! tout cela est à moi, bien à moi!... »

Et que dirons-nous des transports de Pierrot? Il pleurait, il trépignait, sa joie était du délire.

« Mais admirez donc! s'écria-t-il; une veste en vrai drap marron, un magnifique pantalon nankin, plus beau mille fois que celui des dimanches de notre maître d'école, une casquette avec un gland qui peut-être bien est tout en soie, et puis des cravates bleues, rouges, vertes.... et tout ourlées encore! Oh! décidément, je veux me parer de tout cela dimanche au catéchisme, pour faire enrager le petit au sacristain et le neveu du bedeau.

— Oh! voyez donc! voyez donc! » s'écria tout à coup Rosine en désignant à tout le monde un buffet placé près de la porte entr'ouverte.

On se retourna.... C'était en vérité à n'y pas croire. Trois nouveaux objets venaient d'être dé posés là — on ne savait par qui.

D'abord c'était une corbeille en porcelaine peinte et dorée et remplie de fruits en cire si bien imités que les oiseaux du ciel seraient venus les becqueter; en bas était un écusson portant le nom de Mme B***.

Puis à côté se dressait un vase Médicis du plus riche modèle, garni de fleurs artificielles admirables de fraîcheur et de vérité. Ce vase était à l'adresse de Mme de Monterey.

Enfin, plus loin, sous un globe de verre, s'épanouissait un buisson de roses des champs parfaitement imitées, et sur chaque branche duquel était perché un bel oiseau du Brésil, aux reflets de pourpre, d'or, d'émeraude ou de rubis ; à cet admirable présent pendait un écusson sur lequel était peint le nom de Rosine.

« Mais quelqu'un a donc la baguette d'une fée ici, ou la lampe d'Aladin? s'écrièrent les enfants.

— Si c'était demain la messe de minuit, dit Pierrot, je croirais que c'est le petit Noël qui nous envoie toutes ces belles choses.... Mais au fait, c'est impossible : personne n'a mis son soulier sous la cheminée.

— Mais de qui donc nous viennent tant de merveilles? dit-on encore, en fixant cette fois les regards sur M. B***. Tout cela est-il tombé du ciel?

— A peu près, dit ce dernier.... car, vous le savez, un bienfait n'est jamais perdu.

— C'est de cet excellent M. de Saint-Martin, fit Ernest.

— Comment! de ce bon vieux monsieur que nous avons repêché, dit Pierrot.... J'ai tout de même bien fait de lui rapporter sa perruque : il y a été sensible! »

Nous ne nous étendrons pas davantage sur cette scène de bonheur : nos petits lecteurs penseront bien que les transports de joie et d'admiration ne se calmèrent pas de sitôt. M. B*** eut bien de la peine à obtenir que l'on reprît place à table. Toutefois, le repas ne se termina pas sans qu'on portât la santé du bon professeur, qu'on se promit bien d'aller remercier en corps.

Enfin, quand toutes les petites têtes furent calmées, chacun procéda au classement de ses richesses. Eugène rangea, en la feuilletant et l'admirant, sa belle collection dans sa bibliothèque, qui en fut remplie.

Ernest monta, avec des précautions inouïes, ses jolis instruments dans sa chambre, et Pierrot serra dans l'armoire la plus propre de l'office ses magnifiques habits, qu'il se promit bien de ne mettre que les dimanches et les fêtes carillonnées.

Les études enfin eurent leur tour. Dire qu'Eugène ne fut pas un peu distrait et préoccupé en scandant les vers latins qu'il faisait pour la Saint-Charlemagne prochaine ; qu'Ernest ne fit pas quelques barbarismes de plus qu'à l'ordinaire dans son thème, et que Pierrot enfin ne laissa pas un peu brûler le gigot, ce serait un peu hasarder et même un peu mentir.

Pourtant tout s'acheva tant bien que mal, et, l'heure de la récréation étant arrivée, on convint qu'on irait causer physique dans le jardin ; car on pense bien qu'après l'arrivée de la précieuse caisse d'instruments, la physique était plus que jamais à l'ordre du jour.

« Tu nous as déjà parlé, je crois, dit Rosine à son cousin Eugène, de la pesanteur des liquides ; cela me rappelle une jolie petite expérience que maman m'a montrée, et, si Pierrot pouvait nous procurer un bocal plein d'eau et une toute petite bouteille remplie de vin, je vous la répéterais. »

Le petit paysan, qui aimait mieux les expériences que les calculs, ne se fit pas prier, et, en deux sauts, il eut apporté ce qu'on lui demandait.

Rosine boucha la petite bouteille pleine de vin, et introduisit un très-petit tuyau de plume dans le bouchon ; puis elle le posa au fond du bocal, et bientôt on vit sortir de ce tube capillaire un petit filet de vin qui monta jusqu'à la surface de l'eau sans s'y mêler, et qui alla se déposer en couche horizontale au-dessus du liquide.

« Il en serait ainsi, dit la jeune fille, de toutes liqueurs plus légères que l'eau ; c'est pour cela que l'huile surnage sur l'eau dans une veilleuse.

— Je citerai, dit Eugène, un autre exemple de la pesanteur à propos de nos monnaies. Vous savez que nos pièces d'or sont au titre de neuf dixièmes d'or pour un dixième de cuivre ; eh bien ! lorsqu'on fond ces deux matières ensemble, il arrive souvent que, malgré le soin qu'on met à agiter la matière en fusion, la couche supérieure se trouve un peu plus chargée de cuivre, et le fond, par conséquent, un peu plus pur : aussi la loi a-t-elle prévu ce cas en accordant ce que l'on appelle une tolérance de trois centièmes en plus ou en moins.

— Dites donc, frérot, murmura Pierrot tout bas à l'oreille de son frère de lait, l'expérience du vin est tout à fait finie ; qu'est-ce qu'il faut en faire? Il fait si chaud !

— Eh bien ! lui répondit Ernest sur le même ton, avale l'expérience, moins le flacon cependant, et tais-toi, bavard ! »

Pierrot qui avait porté plus d'attention à l'ascension du vin qu'aux derniers calculs d'Eugène, se le tint pour dit ; mais, voyant que la conversation tournait au sérieux, il s'éloigna, et, comme probablement sa soif n'était point encore passée, il s'introduisit, à quatre pattes, dans un carré de groseilliers, espérant ne pas être vu du jardinier, qui arrosait avec un long tuyau de cuir, comme ceux dont on se sert dans les jardins publics. Mais, hélas ! semblable au cerf de la fable qui se vendit lui-même en broutant la vigne sa bienfaitrice, Pierrot secoua tant les groseilles, que bientôt, comme il avait la bouche remplie de ce joli fruit vermeil, un vigoureux et abondant jet d'eau vint, en l'atteignant en plein visage, les lui faire avaler plus vite qu'il n'aurait voulu.

Cette rafraîchissante aspersion fit bien vite déguerpir le petit maraudeur; il se sauva à toutes jambes, afin de se sécher dans la cuisine, et cela sans se vanter, en passant près de nos petits collégiens, de son escapade et de la punition qui l'avait suivie; du reste, les rires mal étouffés qu'il entendit bruire à ses oreilles le vexaient assez déjà.

Quand les enfants eurent bien plaisanté de l'aventure, on revint à un sujet plus sérieux.

« Eh bien! dit Ernest, voilà un effet de jet d'eau que je ne comprends pas beaucoup : je veux parler de ce tuyau de cuir d'où le jardinier fait jaillir l'eau à une certaine hauteur; quelle est donc la puissance qui agit ici pour contrarier ainsi les lois du niveau?

— Cherche, examine, lui répondit son frère, et tu verras qu'aucune loi n'est intervertie.

— Cependant le jet dépasse de beaucoup la tête d'Antoine.

— Si tu regardais bien d'où part ce tuyau, dit Rosine, tu verrais que le réservoir dans lequel il plonge est encore supérieur à ce jet.

— Ainsi l'eau tend donc toujours à remonter au niveau de la source où on la prend?

— Certainement; du reste, tu sais bien que le thé, quelque position qu'on donne à la théière, est au même niveau dans les deux parties du vase bien que le goulot parte de la partie inférieure.

— Ceci m'explique maintenant parfaitement pourquoi l'eau rejaillit si haut du tuyau d'arrosage, dit Ernest ; mais je voudrais savoir comment l'eau afflue dans nos puits, comment le jet d'eau des Tuileries s'élance à une si prodigieuse hauteur, et enfin quelle est la théorie des puits artésiens.

— Voilà bien des questions à la fois ! fit Rosine en souriant.

— Elles auront toutes la même solution, répliqua Eugène, et commençons d'abord par le jet d'eau, qui n'est que la reproduction en petit du mode d'arrosement employé par le jardinier.

— Vous comprendrez que l'eau qui s'échappe par l'orifice du bassin, venant du réservoir qui est à une certaine distance de là, doit s'élancer jusqu'à ce qu'elle atteigne....

— Je comprends, interrompit Ernest en finissant la phrase de son frère, jusqu'à ce qu'elle atteigne le niveau de ce réservoir. Cette eau montera et rejaillira jusqu'à une hauteur égale à celle du réservoir.

— Non pas tout à fait, dit Eugène ; car le jet éprouve une certaine résistance par suite du frottement dans les conduits, puis de l'obstacle que lui oppose l'air dans son ascension ; ainsi, pour une hauteur de réservoir de quatre mètres, on aura un jet de trois mètres cinquante centimètres.

— Et les puits maintenant, surtout les puits artésiens? dirent Ernest et Rosine.

— Je vois bien clairement, s'écria Ernest en considérant un dessin de son frère, que ce puits, creusé ainsi dans le roc jusqu'au banc d'eau souterrain, est alimenté tant que cette eau ne se tarit pas; mais j'ai besoin encore de quelques détails pour bien apprécier la force ascensionnelle de ce beau jet qui surgit de cette fontaine monumentale.

— D'après le dessin d'Eugène, dit Rosine, je me sens en état d'expliquer à peu près le système des puits artésiens : le tube qui, de l'extrémité inférieure de la fontaine de bronze, va trouver cette espèce de fleuve souterrain, établit à l'instant une communication entre ces deux parties correspondantes, la fontaine et le sommet du fleuve; alors un jet doit forcément s'ensuivre et s'élever jusqu'au niveau du point le plus élevé, sans autre force que celle de la pesanteur, et d'autres lois que celles de la nature.

— Oh! s'écria tout à coup Pierrot, qui s'était glissé là en tapinois, nous venons de joliment rire, allez.

— Et quel était l'intéressant sujet de votre gaieté? demanda Ernest.

— Je vous en demande bien pardon, repartit

Pierrot; mais nous nous moquions de bon cœur de votre fameuse loi des niveaux.

— Ah! par exemple! s'écrièrent les trois enfants.

— Le tonnelier, qui est un homme joliment savant, disait qu'avec sa pompe à soutirer....

— Son siphon, veux-tu dire? objecta Eugène.

— Siphon, si vous voulez; il bouleversait toute la physique.... et les physiciens; parce qu'il faisait couler son vin sans y toucher, et en lui faisant faire des zigzags plus hauts et plus bas que le niveau.

— Ceci est de toute impossibilité, dit Ernest d'un ton de professeur émérite.

— Très-possible pourtant, répliqua Pierrot en faisant une contorsion des plus risibles pour singer l'air dogmatique de son frère de lait.

—Pierrot a raison et son *savant* tonnelier aussi, dit Eugène. Le siphon est un tube recourbé dont les deux branches sont d'inégales grandeurs. On plonge la plus petite dans le liquide à soutirer; puis, par l'autre bout, on aspire fortement, on fait le *vide*, en un mot, et la pression atmosphérique n'existant plus, le liquide monte de lui-même et coule par la grande branche jusqu'à ce qu'il soit tout épuisé; mais ceux qui emploient cet appareil n'en connaissent que bien rarement le principe.

— Comment cela, dit Pierrot avec sa petite

moue ordinaire, le tonnelier et moi nous sommes
deux...? il n'osa pas achever; mais Eugène, Ernest et Rosine, par un sourire tant soit peu moqueur, complétèrent sa phrase.

— Puisque nous en sommes à l'inégalité des
niveaux, dit la jeune fille à son cousin, je voudrais bien savoir pourquoi l'huile monte dans la
mèche d'une lampe avec un certain degré de
lenteur qui ne la fait ni déborder ni éteindre la
lumière.

— Je prendrai pour exemple, dit Eugène, la
lampe à tringle de la cuisine : voilà précisément
qu'on l'allume; allons un peu l'étudier. »

Sur cette invitation, les enfants coururent au
lieu indiqué par leur jeune professeur, et s'empa-
rèrent de la lampe, que la cuisinière fut tout
étonnée de voir transformée ainsi en un appareil
de physique.

« Vous voyez, dit Eugène en soulevant la boîte
intérieure dans laquelle se met l'huile, que l'ouverture par où peut s'échapper le liquide est située
en bas : cette ouverture consiste en un cylindre
auquel vous remarquerez une échancrure. Eh
bien ! lorsqu'on a rempli la boîte d'huile et qu'on
la renverse dans le corps de la lampe, cette huile
s'écoule non-seulement dans le récipient (petite
concavité qui termine le corps de l'appareil), mais
encore dans le conduit recourbé qui va jusqu'à la

mèche. Cette mèche, qui est en coton, par sa porosité même, ou mieux encore par sa capillarité, pompe avidement l'huile....

— Je comprends bien cela, dit Rosine; mais je ne vois pas ce qui empêche l'huile de s'écouler tout d'un coup et de déborder par la mèche; il me semble que ce doit être le même système que celui des puits artésiens.

— Une petite expérience que je vais te faire t'aidera à le concevoir. Tiens, voici un verre à demi plein d'eau, puis une bouteille dans laquelle il y a du vin; plonge hardiment, en la renversant, le goulot de la bouteille dans le verre, et....

— Mais, mamzelle, interrompit Pierrot, vous allez tout inonder; attendez donc que j'aille chercher un saladier, vous ferez votre expérience dedans.

— Fais comme je te dis, ajouta Eugène, et ne crains rien, cousine. »

Rosine, au risque de voir se réaliser la prédiction du petit paysan, agit comme l'indiquait Eugène, et, à son grand étonnement, il ne descendit pas une goutte de vin dans le verre.

« Oh! si le tonnelier voyait ça! murmura tout bas Pierrot, ouvrirait-il ses gros yeux!

— Maintenant, continua le fils de M. B***, revenons à notre lampe. Tu vois bien que, l'air manquant, il ne peut y avoir d'écoulement.

— Et cependant, interrompit Eugène, ici il y en a un peu ; car je vois des gouttelettes d'huile apparaître à l'extrémité de la mèche.

— As-tu donc oublié, mon cher ami, notre petite échancrure du tuyau ? Eh bien ! lorsque la mèche aura tout attiré, tout consommé, l'huile du récipient descendra au niveau de cette échancrure ; il se fera alors un petit vide, l'air, qui arrive par le tuyau recourbé, s'y précipitera, et l'huile du récipient fera irruption jusqu'à ce que le niveau, s'élevant de nouveau, dépasse notre échancrure, et ce jeu se continuera ainsi jusqu'à ce que toute l'huile de la boîte soit consommée. »

La nuit était tout à fait venue, et l'heure des travaux plus sérieux avait sonné. Eugène, Ernest et Rosine se dirigèrent vers leur chambre.

En passant dans la cour, les enfants entendirent comme les éclats de voix de gens qui se disputaient : c'étaient Pierrot et le tonnelier qui étaient aux prises.

« A t'entendre, méchant petit tournebroche, disait l'ouvrier, je ne serais donc qu'un-âne? Eh bien ! va dire à tes savants de là-bas que moi je n'ai pas étudié le latin, mais je soutiens que leur loi du niveau est absurde, et, pour te le prouver, tiens, approche-toi un peu, et vois. »

Et, à ces mots, le tonnelier se mit à faire fonctionner de toutes ses forces la pompe près de la-

quelle s'était avancé sans méfiance le petit paysan,
qui reçut inopinément des flots d'eau fraîche dans
les jambes.

« Hein! lui dit-il, cherche-moi donc le niveau
maintenant.... Eh bien ! mon cher, il est à plus de
cinq cent mille pieds sous terre. »

L'évidence était là, et Pierrot, qui était inondé....
de preuves irrécusables, murmura, tout en secouant
son pantalon :

« Est-ce que ce gros butor-là en saurait plus
que M. Eugène ? »

A ce moment, il aperçut les trois enfants qui
montaient dans la chambre du fils aîné de M. B***;
il courut à eux.

« Eh bien! leur cria-t-il, c'est prouvé mainte-

nant : il n'existe pas plus de niveau que de merle
blanc; demandez au tonnelier, ou plutòt à la
pompe.

— Pauvre Pierrot! fit Eugène en souriant, tu
perdras la tête aujourd'hui en plaidant alternativement le pour et le contre. Allons, monte avec

nous, et tu assisteras à une leçon que je veux vous donner sur la pompe aspirante.

— Pardienne ! je le veux bien, dit celui-ci, et nous verrons qui aura le dernier, du tonnelier ou de moi.

— Ernest, dit notre jeune professeur à son frère, je crois avoir vu, dans la masse d'instruments que t'a envoyés ce bon M. de Saint-Martin, un petit modèle de pompe ; veux-tu me le confier ? je vais essayer de vous en faire comprendre le mécanisme.... Pierrot pourra faire une répétition de cette leçon à son intraitable tonnelier.

— Oui, si je comprends, murmura le petit paysan tout bas.

— L'eau, reprit Eugène, est élevée effectivement ici bien au-dessus de son niveau.

— Oui, mais pas tout à fait de cinq cent mille pieds, observa Rosine en riant.

— Pas même de trente-deux : car, d'après les pesanteurs spécifiques des deux éléments, cela ne se pourrait pas.

« On appelle le corps de pompe cette caisse que vous voyez sortir au-dessus du sol ; une tige de de fer la traverse. A l'extrémité supérieure est la manivelle (ou la main) qui la fait monter ou descendre. Au bout inférieur, terminé par un piston qui tient une espèce de crochet en fer à cheval, vous voyez une soupape à charnière qui s'ouvre de bas en haut.

« Plus bas, là où le corps de pompe se rétrécit pour donner naissance au tuyau d'aspiration qui descend dans un puits, se voit encore une seconde soupape s'ouvrant de même.

« Lorsque, avec la *main*, on soulève le piston, l'air contenu dans le corps de pompe se raréfie, et dès lors celui qui est dans le tuyau d'aspiration, ne se trouvant plus pressé, se dilate, et, soulevant la soupape inférieure, vient se mêler à cet air raréfié, et entraîne déjà avec lui un peu d'eau du puits dans le tuyau d'aspiration.

« Par un second coup de piston qui remonte, la soupape supérieure se ferme, l'inférieure s'ouvre, et l'eau, qui déjà était à moitié chemin du tuyau, ne se trouvant plus pressée par l'air atmosphérique qui vient d'être expulsé, fait irruption dans le corps de pompe.

« Et, le jeu du piston continuant, l'eau arrive enfin au dégorgeoir et s'écoule.....

— Sur mes jambes et dans mes souliers, dit Pierrot en poussant un gros rire.

— Tu vois donc, Pierrot, dit Eugène, que, si l'eau dépasse son niveau, ce n'est pas sans y être contrainte.

— Et par qui contrainte?

— Par la nature, qui a *horreur du vide*, ajouta Ernest.

— C'est ce qui se disait autrefois, en effet.

— Eh bien ! moi, maintenant, dit le petit paysan,
j'ai horreur des tonneliers qui vous donnent un
bain de pieds pour vous prouver qu'ils ont raison.

Ah ! je vais joliment lui river son clou, maintenant, avec le piston, les soupapes et le tuyau de
respiration ! »

À ces mots, Pierrot descendit l'escalier quatre à

quatre, et si étourdiment qu'il renversa un plateau couvert de tasses que portait le cuisinier. Il s'enfuit, non sans recevoir une petite correction, et tout rentra dans le silence dans la chambre des travailleurs.... Il n'en fut peut-être pas de même dans la cour, entre le petit paysan et son âme damnée, le tonnelier, car la guerre était allumée entre *ces deux savants.*

CHAPITRE XIV.

LA CHARRETTE EMBOURBÉE. — MOUSTACHE VA EN VOITURE.

Affinité. — Attraction moléculaire. — Frottement.

Le lendemain, à l'heure ordinaire, la cloche du déjeuner appela à la salle à manger nos petits travailleurs; Ernest seul manqua à l'appel. Son frère monta à sa chambre pour connaître la cause de ce retard. Il trouva notre écolier rouge d'impatience, et griffonnant, barbouillant, c'était plaisir de le voir.

« Ton devoir est donc bien en retard, lui dit-il, ou bien intéressant, pour t'empêcher d'entendre même le signal du déjeuner?

— Ni l'un ni l'autre, dit Ernest; mais, depuis un

quart d'heure, je m'escrime à transcrire, sur cette copie, la dernière phrase de mon thème, et je ne puis venir à bout de faire marquer ma plume.

— Je le crois bien! reprit Eugène, après avoir examiné le papier, cette feuille a sans doute été posée sur quelque corps gras, et l'encre glissera maintenant sur la surface sans y laisser de trace.

— Il est vrai qu'hier ma lampe s'est renversée là, sur ma table, et il est probable que le domestique l'aura mal essuyée; c'est à cet endroit, en effet, que j'ai posé mes copies.

— Et, comme presque tous les liquides n'ont aucune affinité pour les corps gras, voilà la cause de ton désespoir; mais, du reste, cette circonstance coïncide parfaitement avec les éléments du programme de questions que je voulais te soumettre pour aujourd'hui : l'*affinité*, la *cohésion*, l'*attraction moléculaire*, enfin le *frottement.*

— Oh! voilà bien des sujets! fit Ernest en ouvrant de grands yeux.

— Ne t'effraye pas trop, reprit son frère, ils sont tous cousins germains, ou à peu près; mais, viens déjeuner; nous tâcherons de ne laisser échapper aucune circonstance qui pourrait être profitable à ton devoir.

— Qu'est-ce d'abord que l'*affinité?* dit notre apprenti physicien en entrant dans la salle à manger.

— Tu n'iras pas bien loin pour le savoir, lui dit son père en lui présentant un verre de vin étendu d'eau.

— Je comprends! s'écria-t-il, c'est la disposition qu'ont les substances à s'unir entre elles.

— Cette parenté-là, dit Rosine en riant, fait souvent mauvais ménage, car j'aperçois d'ici une veilleuse dans laquelle l'eau et l'huile ont bien de la peine à se mettre d'accord.

— C'est vrai, reprit l'écolier; concluons donc que l'huile et les matières grasses ne se mêlent jamais aux corps.

— Autre hérésie, reprit sa mère d'un petit ton de reproche amical, car je vois tout le contraire sur la manche de ton habit.

— Ah! bon Dieu! s'écria Ernest, cette malheureuse tache d'huile avait, hier au soir, tout au plus la largeur d'une lentille, et, maintenant la voilà de la dimension d'une pièce de cinq francs.

— Ceci, lui dit son frère, tient à l'adhérence.

— Eh bien! disons donc, ajouta Ernest en prenant place à table, que les corps solides et les corps liquides ont tous une adhérence réciproque.

— Et je me permettrai d'y joindre, dit à son tour Mme de Monterey en lui servant une bonne part de gâteau au riz parfumé de vanille, les corps gazéiformes.

— Va pour les corps gazéiformes et pour toutes les odeurs qu'on mêle aux friandises et à toutes les substances.

— Et même celles qu'on n'y met pas, reprit encore Rosine, toujours sur le même ton de gaieté; car j'ai vu un très-joli petit coffre en bois de sandal qui n'a d'odeur que lorsqu'on le frotte vivement.

— Il y a de quoi se perdre, au milieu de tant de faits contradictoires, » murmura le pauvre enfant en notant tout sur son album.

On déjeuna ainsi, tout en causant physique. Après le repas, les enfants sortirent dans la cour pour aller prendre leur récréation.

Ils y trouvèrent Pierrot occupé à tirer, avec une ficelle, une petite rondelle de cuir mouillé, qui se tenait fortement attachée à un pavé.

« Arrivez donc! arrivez donc! leur cria le petit paysan, je fais aussi des expériences, voyez mon *tire-pavé*.

— Bah! lui dit Ernest, tu as collé ton morceau de cuir à ce pavé.

— Je n'ai rien collé, frérot, et ça tient, ça tient, que je suis dans le cas d'arracher le pavé.

— Ce que fait là Pierrot, interrompit Eugène, est une belle et bonne expérience de physique. Cette rondelle de cuir mou a été préalablement trempée dans l'eau, puis fortement appuyée sur le pavé; quand on a tiré la ficelle, le vide s'est fait entre ces deux objets, et l'air extérieur pesant de toute la hauteur de l'atmosphère sur ce disque, il a dû en résulter cette grande difficulté que vous voyez à détacher le cuir de ce pavé. Voici, continua le jeune B***, une expérience à peu près du même genre, ou du moins, qui démontre encore la force de cohésion ou d'attraction des corps l'un pour l'autre. J'ai précisément sur moi deux balles de fusil. Voyez, j'en coupe une au tiers, de manière à obtenir une surface bien plane et bien polie; je fais de même pour la seconde; maintenant, en appuyant assez fortement ces surfaces l'une sur l'autre, je les enlève collées l'une à l'autre.

— Et cela s'appelle force de cohésion, sans doute? dit Ernest.

— Ou d'adhérence, répondit son frère. Dans les manufactures de glace, il arrive quelquefois que lorsqu'on pose l'une sur l'autre deux glaces parfaitement polies, on ne les en détache qu'avec un certain risque d'en briser une.

— Eh bien! moi, je me rappelle, ajouta Rosine, que j'avais deux planchettes à dessin si bien dressées qu'elles adhéraient souvent l'une à l'autre, au point qu'on pouvait les soulever toutes les deux en prenant seulement celle de dessus.

— Mais, objecta le petit collégien, voici un fragment de marbre: si je le casse en deux; pourquoi ne pourrais-je pas, en rapprochant les deux morceaux, les faire tenir l'un à l'autre ?

— Probablement parce que leurs molécules ne pourront plus se retrouver dans leur juxtaposition première ; cependant on parvient à réagréger certains corps réduits en poudre ; ainsi, les briques hydrauliques dont on a fait les pilastres de cette grille sont fabriquées avec de la poussière de briques soumise à une très-forte pression. Du reste, plus les particules de la matière sont fines, plus la cohésion est facile.

— Je comprends cela ; car, lorsque nous avons été, il y a deux ans, au Havre, je remarquai avec étonnement que j'étais beaucoup plus solide sur le sable fin que sur les galets de la côte.

— Ainsi, dit Rosine, plus un corps est lourd, plus ses molécules doivent être supposées fines et serrées, tels que le platine, l'or, le plomb, l'argent, le cuivre, le fer, parmi les métaux ; le diamant, le cristal, le silex, la porcelaine, parmi les minéraux, et enfin, le gayac, le chêne, le hêtre et le prunier parmi les végétaux.

— A quelques exceptions près, relatives au plus ou moins de porosité, tout ceci est exact, répondit Eugène.

— La chaleur, ajouta Ernest, ne modifie-t-elle pas la force de cohésion ?

—Certainement ; car, si le fer, le plomb, la cire,

le suif fondent, c'est que la chaleur qui les pénètre dérange la disposition première de leurs parties constituantes, que, du reste, le refroidissement rétablit aussitôt.

— Tu m'as parlé tout à l'heure, Eugène, dit le petit écolier, de l'attraction moléculaire : ne serait-ce pas ce phénomène que j'observais tout à l'heure sur mon café? Au moment où j'y jetais du sucre, une foule de petits globules montaient à la surface, et, bien que je ne remuasse nullement ma tasse, tous ces petits globes se réunissaient les uns aux autres et ne formaient bientôt plus qu'un seul assemblage qui allait se coller vers les bords.

— C'était, en effet, l'attraction moléculaire qui sollicitait tous ces petits corps à s'attirer et à se réunir; mais, du reste, si Pierrot, qui est un excellent garçon, veut bien nous servir de préparateur de physique, je lui demanderai d'aller nous chercher un verre plein d'eau et la burette à l'huile, et je vous ferai une expérience toute concluante à ce sujet. »

Le petit paysan, qui tenait à mériter le double titre de préparateur et de bon garçon, eut bientôt apporté ce qu'on lui demandait.

Eugène, pendant cet intervalle, avait roulé entre ses doigts deux petites boules de moelle de sureau. Il les posa sur l'eau qu'on lui avait apportée et qu'on avait laissée un instant en repos. Bientôt ces deux petites sphères légères se précipitèrent l'une sur l'autre, et s'en allèrent de compagnie se coller sur les parois du verre. Notre physicien reprit une de ces boules qu'il imprégna entièrement d'huile, et, de plus, il fit tomber une goutte de ce liquide dans l'eau ; dès lors, la boule qui était restée intacte sembla mettre tous ses soins à fuir celle qui venait d'être souillée d'huile et plus encore la goutte qui surnageait à la surface.

« Tiens ! tiens ! tiens ! s'écria Pierrot, rien ne s'enfonce, ni l'huile, ni les boules, je n'ai pourtant pas apporté de l'eau ensorcelée.

— Et si je te prouvais, dit Rosine au tournebroche, que cette eau, que tu crois tout innocente, a le pouvoir magique de porter.... du fer !

— Du fer ! du fer ! s'écria Pierrot. Oh ! je parierais bien ma part d'œufs rouges à Pâques que vous ne ferez pas ce tour-là, mamzelle !

— Ne parie pas, tu perdras, dit tout bas Eugène.

— Va pour le pari ! dit Rosine en riant, quoique je ne sois pas passionnée pour les œufs rouges. »

Et, sans faire plus attendre, elle détacha de son corsage une aiguille de grosseur ordinaire, la roula un instant dans de l'huile épaissie, dont une goutte s'était séchée au bord de la burette, puis, la prenant délicatement du bout de ses doigts, la posa tout doucement sur l'eau, où elle surnagea.

Ernest fit un cri d'admiration.

« Adieu mes œufs rouges! dit piteusement Pierrot.

— De plus fort en plus fort! dit Eugène en s'approchant du verre ; je parie, à mon tour, que je vais faire danser une polka à cette aiguille. Qui est-ce qui met un enjeu?

— J'engage mon dessert de ce soir, dit Ernest, contre le tien. Puis il ajouta tout bas : Et je suis bien sûr d'avoir double part.

— Et toi, Pierrot?

— Moi, je ne crois plus à rien, ou plutôt je crois à tout.... Aussi, je ne parie pas.

— Cela m'est égal, dit Eugène, tu verras tout sans payer. »

Puis, passant sa main près du verre, il fit, en effet, exécuter à l'aiguille plusieurs mouvements cadencés qu'il réglait à la parole des assistants.

« Que dites-vous de cela? ajouta-t-il.

— J'avoue que c'est prodigieux, incompréhensible, étourdissant! fit Ernest.

— Et moi, dit Pierrot, je confesse que je commence à avoir peur de tout cela. Vous seriez le cousin du diable que je n'en serais pas étonné. »

Rosine, qui avait d'abord été un peu saisie de cette étrange expérience, réfléchit quelque peu; puis, s'approchant du jeune professeur, elle lui dit tout bas à l'oreille :

« N'as-tu pas dans ta main un petit barreau de fer aimanté ?

— Chut ! répondit Eugène sur le même ton, nous parlerons de cela plus tard. Contentez-vous de savoir, pour le moment, dit-il en s'adressant aux autres enfants que, si cette aiguille se soutient ainsi sur l'eau, c'est que l'huile dont elle a été recouverte a augmenté son volume qui s'est trouvé quelque peu plus fort que le volume d'eau qu'il a déplacé, et, en second lieu, le peu d'affinité que l'huile a pour l'eau a contribué puissamment à empêcher l'immersion.

Pendant cette explication, Pierrot, qui n'était pas très-fort sur les théories, s'était élancé sur la route par la grille du jardin, et, comme un brave garçon, s'était mis à pousser de toutes ses forces un lourd chariot chargé de gerbes de blé et attelé

d'un cheval qui, déjà exténué de fatigue, ne pouvait gravir la montée très-rapide en cet endroit.

Les deux collégiens y coururent afin d'offrir aussi leur aide au charretier, et Rosine, qui ne pouvait coopérer à cette œuvre de vigueur musculaire, se mit à détourner des ornières les gros cailloux qui auraient pu apporter un nouvel obstacle à la montée.

La petite côte fut enfin gravie, et le conducteur, après avoir bien remercié les enfants, se disposa à descendre par le versant opposé; mais, pour cela, il commença à enrayer une de ses roues, et, quittant le pavé, il conduisit son cheval sur le bas-côté de la route, c'est-à dire sur le cailloutage.

« Puisque tu as pour dernière question le frottement, dit Eugène à son frère, cherche à m'expliquer à quoi tendent toutes les précautions que prend cet homme pour descendre cette côte.

— Je pense, répondit Ernest, qu'en augmentant le frottement, le charretier compte diminuer le mouvement; ainsi cette roue enrayée ne tournant plus ralentira d'abord la marche de la voiture, puis ces cailloux, formant une surface raboteuse, empêcheront certainement les roues de glisser aussi bien qu'elles l'auraient fait sur la surface polie des pavés de la chaussée.

— C'est l'histoire du macadamisage introduit récemment à Paris, dit Eugène; là, le frottement est moindre que sur la terre non battue; mais je crois que les chevaux ont plus de tirage que sur un bon pavé neuf, et, s'ils y trouvent quelque soulagement pour leurs jambes, ils doivent trouver plus de difficulté à entraîner une voiture pesamment chargée.

— Eh bien! moi, dit Pierrot, moi qui ne suis pas sorcier comme vous, je vous montrerai un petit chemin où il n'y a pas de pierres et sur lequel je ferai tirer à un cheval la charge de douze.

— C'est sans doute sur les glissades où tu ais de si belles cabrioles l'hiver? dit Ernest en riant.

— Pas du tout, monsieur le moqueur! repartit Pierrot; c'est sur le chemin de fer de Nancy à Metz.

— Pierrot a raison, dit Eugène, et cela me donnera encore occasion de vous poser ces rapports arithmétiques: on évalue à un trentième de la charge le frottement d'un corps roulant sur un terrain uni et solide, et à la moitié le frottement sur un terrain mou et raboteux.

— Dites donc, messieurs et mesdames, s'écria Pierrot, pendant que nous en sommes sur le tirage, voudriez-vous m'aider à changer de place la niche de mon pauvre Moustache, qui grille là au grand soleil, et qui serait bien mieux dans ce coin?

— Voyons, mettons-nous-y tous, dit Ernest en prenant l'initiative, et poussons fort. »

Eugène les laissa faire un instant; mais, voyant

que leurs efforts étaient impuissants et que la lourde machine ne bougeait pas :

« Un petit conseil, dit-il, ne ferait peut-être pas de mal. Tenez, voici trois ou quatre rouleaux que les maçons ont laissés là ; si nous essayions de mettre dessus la maison de ce paresseux de Moustache, nous irions peut-être plus vite en besogne. »

On se mit à l'œuvre en employant ce procédé, et, en effet, l'édifice et le chien roulèrent admirablement jusqu'au lieu indiqué.

« Eh bien ! mon vieux Moustache, dit Pierrot en s'adressant à son chien qui s'était complaisamment laissé traîner, qu'en dis-tu, d'aller ainsi en chemin de fer sur des roulettes de bois ?

— En supposant, reprit Eugène, que cette cabane pèse cinq kilogrammes, vous dépensiez tout à l'heure, avec le frottement sur le sol, une force équivalente à trente fois cette charge, et maintenant, à l'aide de ces rouleaux, cela va tout seul, et ce serait encore bien plus avantageux si cette masse était montée sur des roues, et remarquez aussi que plus le diamètre des roues est grand, moins il faut d'efforts pour faire avancer la machine ; c'est d'après ce système que sont construites ces voitures nommées *fardiers*, destinées à transporter d'énormes pièces de charpente, et dont les roues sont si hautes.

— Mais le frottement, objecta Ernest, doit user considérablement?

— Règle générale, lui répondit son frère, tout se détruit ou se modifie, dans la nature, par le frottement.

— C'est ce que je me suis souvent dit, murmura tout bas Pierrot, en regardant les manches de sa veste dont on voyait la trame.

— Mais, ajouta le jeune B***, sait-on si tout périt? car, enfin, où vont tant de molécules que, depuis des siècles, le pied écrase, le vent emporte, la sécheresse évapore?

— Oh! oh! objecta Ernest, la question paraît se compliquer!

— Et deviendrait si métaphysique, si ardue, que nous la laisserons là.... Revenons à nos moutons. Nous parlions du frottement. Il y a à observer que fer sur fer, cuivre sur cuivre s'usent bien plus vite que fer sur cuivre; c'est ce qui fait adopter, maintenant, dans les voitures, l'essieu en fer et la boîte dans laquelle il tourne, en cuivre.

— Mais, dit Rosine, qu'est-ce qui pourrait donc user le diamant? Certes, ce ne serait pas la lime ou la meule.

— C'est la poussière même du diamant, appelée *égrisée*. On en saupoudre une meule, et l'on s'en sert pour tailler ces pierres précieuses.

— C'est sans doute le frottement ou l'usure qui

a fait arrêter ma petite montre d'argent l'année dernière, lorsque l'horloger m'a pris si cher pour remettre des pivots neufs! ajouta la jeune fille.

— Si ta montre eût eu, comme les chronomètres marins, des trous en rubis ou en diamants, dans lesquels tournent les pivots, cet inconvénient ne serait pas arrivé.

— J'ai encore à te demander une chose: Pourquoi les ouvriers, les bûcherons surtout, mouillent-ils leurs mains avec leur salive avant de prendre leur outil? Cet usage, assez malpropre du reste, a sans doute un but?

— En mouillant leurs mains, ils augmentent ainsi l'adhérence du bois avec la peau ; s'ils y mettaient de l'huile, par exemple, il en serait tout autrement: ils risqueraient bien, comme dit le proverbe, de jeter le manche après la cognée. Les matières grasses sont réservées, au contraire, pour adoucir le frottement.

— C'est sans doute pour cela, interrompit Pierrot, que le charretier a grand soin, quand il part au marché, de mettre du vieux oing au moyeu de sa charrette.

— Précisément. Vous connaissez sans doute aussi cette autre particularité du frottement qui est de dégager de la chaleur?

— Pardine, c'est une expérience de physique

que le plus âne de tous, serait-il tonnelier, dit
encore Pierrot, met en pratique tous les hivers

en se frottant les mains pour les réchauffer.
— C'est aussi par un frottement énergique et

continu de deux morceaux de bois l'un sur l'autre, que les sauvages se procurent du feu.

— Je me rappelle, à cette occasion, dit Ernest, que, lorsqu'en faisant de la gymnastique, je me laissais glisser le long du mât, mes mains alors étaient brûlantes.

— La compression des gaz produit encore le même effet, continua le jeune professeur, car, en refoulant brusquement l'air dans un *briquet pneumatique*, on dégage assez de chaleur pour allumer un petit morceau d'amadou qui est au fond du briquet ; et même, dans le briquet ordinaire, la percussion du fer avec le silex, ou pierre à fusil, fait jaillir, comme vous le savez, une quantité d'étincelles.

— Eh bien ! dit de nouveau le petit tournebroche, les chevaux battent donc le briquet aussi, puisque, le soir, on les voit faire du feu sur les pavés, en courant ?

— Oh ! mon Dieu oui, et si tu voulais te charger, dans ce moment, d'approcher bien vite un peu d'amadou de ces belles étincelles, tu aurais de quoi allumer le fourneau de ta cuisine.

— Oui, répliqua Pierrot, mais je ne veux pas y aller voir ; j'aime mieux la manière du forgeron du village : quand il a besoin de feu, le matin pour sa forge, il fait frapper à coups redoublés, par ses ouvriers, sur un morceau de fer qui de-

vient bientôt assez chaud pour enflammer des copeaux. »

Et le petit paysan, voulant joindre le geste à la
théorie, fit un faux pas, et ses souliers à gros clous
glissant sur la dalle du perron, il s'assit plus vite
qu'il ne l'aurait voulu.

« Je t'avais pourtant déjà dit, reprit Eugène en
riant et en l'aidant à se relever, que plus les matières contiguës sont polies, plus elles sont aptes
à glisser l'une sur l'autre.

— Je me le rappellerai, » murmura Pierrot en se
frottant la partie contuse.

CHAPITRE XV.

INCENDIE, TRAIT DE COURAGE ET DE DÉVOUEMENT DE PIERROT.

Chaleur. — Incendie. — Courage et présence d'esprit.

L'accident arrivé à M. de Saint-Martin avait été pour lui, nous l'avons déjà dit, sans résultat bien fâcheux ; cependant l'émotion que le vieillard en avait ressentie avait déterminé quelques accès de fièvre qui l'obligèrent à garder le lit.

Enfin, un matin, un petit billet ainsi conçu fut remis à nos petits collégiens :

« Mon médecin me permet de fêter en famille
« mon retour à la santé : ce sera donc augmenter
« tout à la fois et ma famille et mon bonheur que
« de me voir, en ce jour, entouré de la bonne et

« excellente famille B***, que j'attends à dîner à
« cinq heures.

« De Saint-Martin. »

« *P. S.* Sans oublier surtout le bon petit Pierrot. »

Cette aimable lettre causa un vif plaisir à tout
le monde.

On s'occupa donc dès ce moment des préparatifs
de cette partie de plaisir. La tapissière fut lavée,
cirée, époussetée ; les beaux habits furent mis en
évidence. Pierrot usa, à lui seul, trois seaux
d'eau fraîche pour se débarbouiller, et, ce jour-là
encore, les thèmes et les versions se trouvèrent
passablement estropiés, en dépit du bon Lho-
mond.

Eugène compulsa, feuilleta, tant qu'il put, des
livres de physique, car il savait qu'avec M. de
Saint-Martin il allait avoir affaire à forte partie.

Quant aux dames, on se figure bien qu'il y
avait un branle-bas général de toilette, et qu'elles
eurent plus d'un conciliabule à tenir pour s'entendre sur l'inépuisable sujet des robes, des chapeaux, etc.

Bref, lorsque l'heure du départ fut arrivée, la famille se trouva prête et toute resplendissante de
fraîcheur, de grâce et de bon goût.

On partit donc.... après, toutefois, que Pierrot

eut fait ses tendres adieux à son ami Moustache, à qui il promit de raconter, à son retour, tous
les détails de la fête. Je crois que le petit vaniteux
(car il avait endossé son bel habillement neuf)
eût passé devant l'empereur de la Chine, qu'il ne
l'eût pas traité de cousin, tant il était glorieux.

La route se fit gaiement : l'impatience seule
d'arriver la fit paraître longue. Enfin, on aperce-
vait de loin la blanche maisonnette de M. de Saint-
Martin, quand tout à coup.... Oh! que le cœur se
serre à ce cri fatal qui fait vibrer toutes les fibres
du corps, cri d'alarme qui glace d'épouvante sur
terre et sur mer : « au feu ! »

Près de là, en effet, et au milieu d'un groupe
de chétives cabanes, des flammes ardentes tour-
billonnaient aux fenêtres d'un pauvre bûcheron.

Se précipiter hors de la voiture, jeter à terre
ses habits et voler au lieu du sinistre, fut, pour
M. B*** et ses enfants, l'affaire d'un moment.

Des cris déchirants, désespérés, partaient de
l'intérieur de la maison incendiée ; mais la fumée
qui l'enveloppait était si épaisse, qu'on n'en pouvait plus distinguer ni la porte ni les fenêtres.

Hélas ! une pauvre femme sexagénaire et une
enfant de six ans y étaient renfermées, et toute
issue leur était fermée !

M. B***, ayant heureusement trouvé une hache,
s'était précipité, avec son fils aîné, vers la partie

la plus envahie par le feu, et, après des efforts
inouïs et de réels dangers, il était parvenu à s'ouvrir un passage.

Guidés par les cris de désespoir qu'ils enten-
daient, ces deux hommes courageux s'élancèrent
dans l'intérieur, à travers les brandons du feu
qui pleuvaient sur eux ; et bientôt on les vit repa-
raître portant dans leurs bras la pauvre grand-
mère sans connaissance. Ils la déposèrent au milieu des paysans accourus de toutes parts, qui lui
prodiguèrent des secours empressés.

« Mon enfant ! secourez mon enfant ! » murmura
d'une voix éteinte cette malheureuse mère, dès
qu'elle put articuler une parole.

Mais en vain dix personnes se précipitèrent-elles
dans cette fournaise menaçante pour en arracher
la pauvre petite, dont on entendait les cris déchirants à travers le bruissement des flammes : il
était devenu humainement impossible de fran-
chir la barrière de feu qui circonscrivait la cabane.

Enfin, par une éclaircie qui se fit dans la fumée,
on aperçut un instant l'enfant, qui, poursuivie
par les flammes envahissantes, s'élançait par un
petit escalier à jour, jusqu'au grenier.

Hélas ! plus d'espoir, plus de salut pour elle, car
elle se trouvait désormais enveloppée dans cette
enceinte inabordable.

Sauvez mon enfant ! murmura-t-elle. (Page 166.)

Quelques-uns pensèrent bien en ce moment qu'en montant sur le toit et en le défonçant on pourrait arracher, par la lucarne, la pauvre victime; mais comment y parvenir, puisqu'il n'était plus possible d'appliquer une échelle contre les murs en feu?

On jeta donc un regard d'angoisse vers ce toit, vers cette lucarne, où l'on voyait l'enfant élevant ses petits bras suppliants vers le ciel.... ce ciel qui ne peut cependant être sourd aux cris de l'infortune.

Mais, ô prodige! ô miracle! ô bonheur! un être intrépide, audacieux, un enfant, traverse les airs et vole au secours de la petite fille.

Ce sauveur inespéré, c'est notre bon, notre brave Pierrot.

Il avait su s'accrocher à une longue perche, et s'élancer avec intrépidité de la maison voisine sur la cabane incendiée.... en donnant à son corps un élan qui fit pivoter ce point d'appui dans l'espace.

C'est ainsi qu'en Amérique les sauvages traversent les fleuves; c'est ainsi qu'au village les enfants sautent les ruisseaux.

Derrière lui, et penché sur le pignon du mur qui lui avait servi de point de départ, Ernest l'avait suivi, muni de cordages, pour le seconder dans ce périlleux sauvetage.

Pierrot, une fois arrivé sur le faîte de la pauvre

masure, aida de toutes ses forces l'enfant à se hisser hors de la lucarne et la prit entre ses bras.

Mais, hélas! comment retourner maintenant par la même voie aérienne? comment se cramponner à cette perche avec le poids qu'il avait tant de peine à porter?

L'intrépide Pierrot lui-même parut un instant découragé, effrayé de la position qu'il s'était faite.

Mais les grands cœurs, les intelligences courageuses viennent à bout de tout; Ernest, qui aussi avait son projet, jeta à son frère de lait un des bouts de son cordage, puis attacha l'autre extrémité aux barreaux d'un œil-de-bœuf où il se trouvait, et il eut soin de tendre fortement cette corde. Ensuite il lança au petit paysan une seconde corde; lui criant d'en faire une sorte d'anneau qui pût glisser sur le câble tendu, et de s'attacher, lui et son précieux fardeau, comme il le pourrait, à cet anneau, enfin de se laisser glisser suivant la pente de ce pont improvisé.

Tout fut heureusement exécuté comme le petit physicien l'avait conseillé, et Pierrot, ainsi que cette bonne petite fille, qui ne pleurait déjà plus, arrivèrent, en vertu de la pesanteur et du plan incliné, dans les bras de Mme B*** qui les leur tendait avec angoisse, penchée en dehors d'une fenêtre placée sous l'œil-de-bœuf.

« Ah! il était temps! s'écria le petit paysan en

se débarrassant de son fardeau et en jetant à terre son bonnet de coton à raies roses et bleues ; voyez la houpette de mon bonnet qui commençait à prendre feu.... C'est qu'il était tout flambant neuf encore ! »

Je ne dépeindrai ni les transports de joie des assistants, ni ceux de la bonne vieille mère, qui serrait enfin son enfant sur son cœur, ni les bénédictions dont le courageux Pierrot et la famille B*** furent comblés. Un brancard de feuillage fut immédiatement improvisé (car il était inutile de s'occuper davantage de la masure qui n'était déjà plus que ruines), et les paysans voulurent faire au petit tourne-broche l'honneur d'une ovation triomphale.

« Non pas ! s'écria celui-ci, je n'ai pas le temps de me pavaner sur votre palanquin ; vous ne savez donc pas que je dîne aujourd'hui à la table, à la propre table de M. de Saint-Martin. Ah! mais !

— Il faut avouer, dirent à cet instant les dames, que nous sommes bien en état d'aller nous présenter à un dîner de cérémonie ! Pour moi, ajouta Mme B*** en riant, je ne sais de quelle couleur est ma robe.

— Et moi de quelle forme est mon chapeau, dit Mme de Monterey.

— Et moi, continua Rosine sur le même ton, j'étais sortie avec des bas d'une blancheur éblouissante ; ils sont maintenant du plus beau noir-jais possible. »

La toilette des messieurs était aussi fort maltraitée.

« Décidément, dit M. B*** avec un sérieux qui fit frissonner Pierrot, pouvons-nous, dans cette toilette de charbonnier, nous hasarder à aller....

— Vous êtes mille fois mieux ainsi, interrompit tout à coup une voix étrangère, oh ! mille fois mieux dans ce costume que sous des vêtements de prince. Venez, mes bons amis : vous honorerez ma maison, vous embellirez notre société, si ce n'est par vos toilettes, au moins par vos vertus. »

C'était M. de Saint-Martin qui parlait ainsi. Cet excellent homme, malgré son grand âge et son état de faiblesse, était accouru aussi sur le lieu du sinistre. S'il n'avait pu y apporter un concours efficace, du moins s'était-il chargé de ce genre de consolations qui réussit presque toujours à cicatriser bien des plaies : ce fut une bourse assez ronde qu'il vida entre les mains de la bonne vieille mère, et dont le contenu était suffisant pour acheter une cabane deux fois plus belle que celle qu'elle avait perdue.

Si nous n'étions retenu par la crainte de faire un trop gros volume, nous nous ferions un plaisir de donner quelques détails sur ce fameux dîner qui faisait la joie et l'orgueil de Pierrot; nous dirions que, placé à la droite de M. de Saint-Martin pour honorer son noble dévouement, il fut comblé de compliments, de soins.... et de friandises. Mais il faut nous taire, car il pourrait nous venir l'idée de parler de sa raideur à table, de ses coudes collés contre son corps, de sa chaise éloignée d'un demi-mètre, des grimaces qu'il fit ayant voulu manger une huître, et goûter à la moutarde ; mais on ne doit jamais rire d'un bon et brave garçon ; aussi nous serons discret.

CHAPITRE XVI.

LE DINDON ET LE GLOBE TERRESTRE.

La flamme. — Chaleur solaire. — Thermomètre. — Équateur

Transportons-nous donc tout de suite, au sortir de table, dans le salon de l'ex-professeur de mathématiques, et, tandis que les dames devisent toilette et nouvelles du jour, mêlons-nous un peu à la conversation de nos savants.

« Tu m'avais demandé un programme d'études, dit Eugène à son frère, je ne puis mieux choisir aujourd'hui qu'en indiquant la chaleur.

— Ce sera plein d'à-propos, ajouta M. de Saint-Martin. Eh bien, si mes jeunes amis veulent me permettre de glisser quelques mots dans la conversation, nous allons parler un peu physique et chaleur.

— Alors, répliqua le petit collégien, je demanderai l'explication d'un phénomène que j'ai remarqué : c'est que, lorsqu'on commença à lancer quelques seaux d'eau. sur les flammes en attendant l'arrivée de la pompe à incendie, je voyais le feu prendre une activité plus grande encore.

— Vos idées devaient, il est vrai, en être toutes bouleversées, dit M. de Saint-Martin. Sachez bien, mon ami, que l'eau, jetée en petite quantité sur un foyer incandescent, se vaporise et fournit une masse énorme d'oxygène qui alimente puissamment encore l'incendie ; aussi, dans ce cas, une petite pluie fine est plus à craindre qu'à désirer.

— J'ai vu également, dit Rosine, quelques personnes apporter de la fleur de soufre. Qu'en voulaient-elles faire ?

— La jeter dans le foyer, répondit M. de Saint-Martin ; car le soufre a deux propriétés précieuses pour éteindre un feu de cheminée : d'abord, sa vapeur épaisse forme un voile qui arrête tout courant d'air ; puis le gaz qui s'en dégage s'empare de l'oxygène de l'air et le neutralise. Du reste, rappelez-vous bien qu'à défaut de cette substance le plus pressé est de boucher l'orifice de la cheminée avec un drap mouillé ; on arrête ainsi le tirage et la combustion ; toute flamme s'éteint alors, car le feu manque d'aliment.

— Et qu'est-ce que la flamme ? dit M. B*** en venant se mêler à la conversation.

— Tiens, dit Pierrot, c'est quelque chose qui vous grille les cheveux et qui vous donne la berlue.... Ah! je peux en parler, je l'ai vue d'assez près.

— C'est.... c'est.... balbutia Ernest, un corps qui....

— Mais un corps a une certaine consistance, une forme quelconque, lui dit tout bas son frère.

— Alors, c'est un gaz, une vapeur.

— Vous y voilà, reprit le vieux professeur : c'est un gaz échauffé au point de devenir lumineux ; mais, tenez, essayons un peu de l'étudier, et, au risque de nous donner la berlue, comme dit Pierrot, examinons de près la flamme de cette chandelle. Remarquons d'abord qu'à la base de la flamme, là où elle s'arrondit, il y a une partie opaque et moins lumineuse qu'ailleurs.

— Ne serait-ce pas, dit Rosine, le voisinage du suif qui en ternit l'éclat?

— Précisément. Et à quoi attribuez-vous cette teinte légèrement opaque aussi, et comme noirâtre, qui vacille à l'intérieur même?

— Attendez, interrompit Ernest ; puisque le suif ternit la base par ses émanations, le charbon de la mèche n'en a-t-il pas aussi?

— Eh bien, ajouta Rosine, ne pouvons-nous pas conclure de là que l'intérieur de la flamme n'est pas l'endroit le plus chaud?

— Pour vous en convaincre, veuillez me prêter une de ces grandes épingles noires qui sont dans vos cheveux ; je vais la piquer dans ce bouchon pour ne pas me brûler, et la tenir quelques instants en travers de la flamme. Voyez, continua le professeur en retirant l'épingle, les deux points qui traversaient les parties les plus brûlantes sont rouge-cerise, tandis que le milieu est à peine coloré.

— Comme ça, dit Pierrot, si je mettais mon petit doigt juste au milieu, il ne brûlerait pas ?

— Essaye, dit Ernest.

— Après vous, mon maître, fit le rusé petit paysan en cachant sa main dans sa poche. Eh bien ! moi, continua-t-il, j'ai vu.... non, je dis une bêtise, j'ai senti de la flamme sans lumière : c'était un soir ; après avoir retiré mon rôti de la broche, j'ai voulu éteindre mon feu, et pour cela, j'ai jeté sur les tisons ardents une bonne cruche d'eau, et aussitôt il s'est élevé un tourbillon de je ne sais quoi qui m'a joliment échaudé la main, allez.

— Échaudé est bien le mot, dit M. de Saint-Martin : c'était, en effet, une flamme sans lumière, une vapeur brûlante invisible, il est vrai, mais d'une grande énergie.

— Il est du reste un cas où la flamme même peut être circonscrite et emprisonnée : par exemple, dans les lampes de Davy ; leur enveloppe en toile métallique ne permet même pas à la flamme de se mettre en contact avec ces terribles émanations d'hydrogène et de carbone nommées *grisou*, qui circulent parfois dans les mines profondes, et dont l'inflammation causait parfois de si terribles accidents. De nos jours encore, M. Paulin a inventé une sorte de camisole, tissue en fils métalliques très-rapprochés, et doublée de toile d'amiante, à l'aide de laquelle les pompiers peuvent impunément traverser les flammes pour porter secours aux malheureux incendiés.

— Voilà de belles inventions! dit M. B*'*; j'aime surtout la science quand elle vient en aide à l'humanité.

— Je vous prépare là dans ce verre, reprit Rosine, une jolie petite expérience que maman m'a montrée dernièrement, et qui va vous émerveiller. »

A ces mots, la jeune fille retira du verre une aiguillée de fil qu'elle y avait fait tremper dans de l'eau salée ; elle la fit promptement sécher à la chaleur de la lampe ; puis, attachant sa bague à une des extrémités du fil, elle prit l'autre au bout de son doigt et engagea un de ses cousins à mettre le feu à ce fil.

« Mais, dit Ernest en prenant une bougie, la bague va tomber, cela est certain.

— Essaye toujours, continua Rosine, et tu vas voir ma magie blanche. »

L'expérience réussit parfaitement : une légère traînée de feu parcourut rapidement le fil, et la bague ne tomba pas, les particules salines ayant conservé encore assez de force de cohésion entre elles pour la soutenir.

« Puisqu'ici ce sont les enfants qui se montrent les plus habiles, dit M. B***, je viens modestement me mettre sur les bancs et poser aussi mes ques-tions. Je voudrais bien savoir, par exemple, d'où provient la chaleur ?

— Ah ! dit M. de Saint-Martin, c'est une question qui demande une certaine étude. Voyons donc, entre nous tous, si, en réunissant toutes nos connaissances en physique, nous pourrons vous répondre. A vous, Ernest, commencez, et surtout prenez votre album pour ne rien perdre. Quelle est la source la plus ostensible de la chaleur ?

— Mais, fit Ernest sans hésiter, il me semble que la chaleur vient du soleil, uniquement du soleil.

— Ça c'est vrai, interrompit Pierrot, car il nous tapait joliment sur la tête aujourd'hui... Ah ! mais dites donc, frérot, et l'incendie de tantôt, je crois que ça venait plutôt d'une allumette chimique que du soleil, hein, qu'en dites-vous ?

— Et les bains de Plombières, dont les eaux sortent brûlantes de terre, ajouta Eugène, penses-tu que c'est le soleil qui les échauffe ainsi ?

— Ah ! s'écria le petit collégien interdit, voilà un déluge d'objections qui me donne à penser.

— C'est pis que la loi du niveau du tonnelier, dit Pierrot avec un gros rire ; car en voilà trois bien comptées : le soleil, les allumettes chimiques et les bains d'eau chaude.

— Voyons, voyons, procédons avec mesure, ajouta Ernest, et résumons ces trois genres de chaleur : 1° c'est le soleil ; 2° les allum..... eh non, le frottement.

— Que nous baptiserons du nom scientifique de *calorique latent*, dit M. de Saint-Martin.

— Puis, enfin, la chaleur intérieure du globe.

— Voici qui devient plus rationnel et plus méthodique, mon petit ami, dit le professeur ; eh bien, voyons ces trois sources séparément.

— Je commence donc par le soleil, reprit le petit collégien : c'est le roi de l'univers ; il mérite bien la préférence.

— C'est un de ces souverains qu'on ne peut pas renier, dit M. B***, car aujourd'hui même il signalait sa présence par vingt-huit bons degrés de chaleur à mon thermomètre.

— Ah ! papa, je t'arrête là : je connais bien ton thermomètre, mais je n'en comprends ni la construction ni le mécanisme ; si tu voulais me l'expliquer ?

— J'en laisse le soin à mon ami Saint-Martin,

qui l'expliquera bien mieux que moi, fit M. B***.

— Rien n'est moins compliqué que cet instrument, dit le bon vieillard, qui s'exécuta de bonne

grâce. Prenez un petit tube capillaire terminé à
l'un de ses bouts par une boule creuse; chauffez-
le fortement au-dessus de charbons ardents, afin

de le bien purger d'air et de *faire le vide* dans l'intérieur; puis plongez l'autre bout dans un bain de mercure ou d'esprit-de-vin; le liquide montera aussitôt et ira remplir la boule, et le thermomètre est fait.

— Quoi! ce n'est que cela, et il marchera tout seul?

— Il ne faudra plus que le graduer. Cette opération est aussi simple que le première; seulement elle exige de l'attention et de la précision. Voici, du reste, comment on s'y prend : on fait plonger la boule de l'instrument dans la glace pilée; alors le mercure (ou l'esprit-de-vin) se met en équilibre avec cette température, et s'arrête, dans le tube, en un point qu'on a soin de marquer zéro; puis on le remet dans de l'eau bouillante : le liquide monte rapidement à un autre point que l'on marque 100.

— Ah! j'y suis! j'y suis! s'écria Ernest : c'est entre ces deux points de l'extrême froid et de l'extrême chaleur qu'on marque les degrés de zéro à cent.

— C'est cela même.

— Si l'on additionnait, dit Eugène, les sommes de chaleur de toute une année, quel effrayant total obtiendrait-on? Je n'ai jamais eu la curiosité d'en faire le calcul.

— Parker pense que cela suffirait pour faire

fondre une couche de glace de quatorze mètres d'épaisseur qui couvrirait toute la surface du globe.

— Quel dégel ! quelle débâcle ! s'écria Pierrot.

— La vigne ne pourrait arriver à sa floraison, continua M. de Saint-Martin, si, depuis son réveil d'hiver jusqu'à cette époque, elle n'avait sa provision complète de 1770 degrés : il en faut 275 au lilas, 272 à la violette, 168 au peuplier, etc.

— Ainsi, dit Ernest, le soleil ne peut guère donner que 40 degrés au plus, comme en Afrique.

— Tenez, fit Pierrot, voici une expérience bien drôle : l'été passé, par un beau jour de récréation, je m'étais endormi sur le dos en plein soleil, quand tout à coup je me suis réveillé en sursaut et ressentant une douleur intolérable au bout du nez : c'étaient les camarades qui m'avaient fait la niche de me darder dessus une grosse loupe de verre. Ah ! y en avait-il, y en avait-il des degrés, au point que pendant quinze jours, mon nez à ressemblé à un bigarreau ?

— Pierrot nous met là sur la voie d'un autre genre de phénomène : c'est celui que produisent les verres lenticulaires ; on peut, en effet, rassembler en un seul faisceau une masse énorme de chaleur. L'Anglais Parker construisit à Londres une lentille de cette sorte en flint-glass (cristal anglais) : elle produisit à un mètre soixante-dix centimètres de distance les effets suivants :

« L'eau bouillait et se vaporisait instantanément.

« Un grain d'or de 1 gramme 06 centigrammes fondit en 3 secondes.

« Du cristal de roche de 53 centigrammes fondit en 3 secondes.

« Une émeraude de 11 centigrammes fondit en 25 secondes.

« Un diamant de 53 centigrammes, après une demi-heure, fut réduit à 32 centigrammes.

— Permettez-moi, dit Ernest au bon vieillard, de revenir encore sur la question de la chaleur solaire naturelle. Je vois, sur l'échelle du thermomètre qu'il y a des variations infinies de température pour toute la surface de la terre ; cependant on nous dit en géographie, que la terre est un globe qui tourne ; comment donc se fait-il que la chaleur ne soit pas égale partout ?

— Ceci est du ressort de la cosmographie, répondit M. de Saint-Martin, et je vais essayer de vous l'expliquer.

— Ce n'est pas la peine, dit Pierrot, je vais vous dire cela, moi, frérot.

— Ah ! par exemple ! s'écria-t-on de toutes parts. Pierrot professeur de cosmographie !

— Tenez ! frérot, figurez-vous que vous êtes

maintenant dans ma cuisine, assis avec moi (comme ça vous arrive quelquefois) en face d'un bon gros dindon qui rôtit. Eh bien! comment rôtit-i ?

— Mais, tout cuit à la fois, il me semble.... quand nous ne le laissons pas brûler.

— Eh bien! pas du tout. Son dos commence à se dorer, à mesure que je tourne.

— Tout comme la terre, dit M. de Saint-Martin, et le dos de son dindon pourrait représenter parfaitement l'équateur.

— Et puis, ajouta Pierrot, si la tête et les pattes veulent cuire à leur tour, il faut qu'elles s'approchent.

— Absolument comme les deux pôles, ajouta le professeur en riant de tout son cœur. Vous savez déjà que la terre est un globe qui semble traversé par un axe (ou tige) imaginaire sur lequel elle tourne, absolument comme cette pomme dans laquelle je passe une longue aiguille et qu'on ferait tournoyer entre les doigts. Eh bien, les diverses positions que prend cet axe (ou cette aiguille) en se penchant ou se redressant, présentent au soleil certaines parties du globe ou les en éloignent ; voilà tout le système des quatre saisons.

— Oh ! je comprends tout à fait, monsieur, s'écria Ernest; merci, mille fois merci de cette bonne leçon de cosmographie.

— Tout le mérite, dit M. de Saint-Martin, en revient à Pierrot et à son dindon, qui nous ont mis sur la voie.... aussi, comme au plus habile, je lui donne la pomme. »

Et Pierrot ne se fit pas prier pour la croquer.

A ce moment, Mme B***, voyant la nuit s'avancer, vint, en mère prudente, en prévenir la petite famille, et rappeler que leur maison était assez éloignée et que l'on aurait peut-être bien de la peine à se lever de bonne heure le lendemain si l'on se couchait si tard.

On se rendit à cet avis, et, après les adieux les plus affectueux, on se sépara.

CHAPITRE XVII.

PARTIE DE CHASSE. — UN CANARD DIT SAUVAGE.

Évaporation. — Congélation. — Hygrométrie.

Le lendemain de ce jour si fécond en émotions de tout genre, de ce jour dans lequel chacun avait si bien fait son devoir, le premier objet qui frappa les yeux d'Ernest, lorsqu'il se leva, fut un admirable petit fusil de chasse au canon rubanné, aux capucines de bronze ; de plus, une carnassière appropriée à sa taille et tous les accessoires indispensables à un chasseur ; le tout accompagné de ces quelques mots : *A Ernest B***, récompense dignement méritée.*

Le pauvre enfant demeura stupéfait, accablé sous l'excès de sa joie. Il restait devant ces objets, tout ébloui et se demandant s'il rêvait, quand tout à coup il entendit dans la cour résonner une fanfare de chasse, espèce de sérénade que lui donnait son frère, pour lui bien persuader qu'il s'était effectivement réveillé chasseur.

En deux sauts notre petit collégien se précipita dans la cour avec tout son attirail.

« Allons! debout! debout! lui cria Eugène; en chasse! l'alouette chante déjà et le lièvre est au gîte.

— Qu'est-ce que tout cela signifie? s'écria Ernest en se frottant les yeux.

— Cela te dit, mon cher ami, que nous partons dans dix minutes pour aller gagner notre dîner par les bois et les plaines.

— Et pour fournir ma broche d'un beau canard sauvage, ajouta Pierrot, qui apparut bientôt chargé d'une énorme gibecière et suivi de Moustache.

— Et chasser les papillons, moissonner des violettes et du muguet, » dit encore Rosine, qui vint se joindre au groupe avec son filet à insectes et un petit panier d'osier.

Ernest ne pouvait sortir de son étonnement et ne trouvait plus un seul mot à articuler.

« Allons! lui dit son frère, hâtons-nous; viens prendre une tasse de chocolat et partons. »

Le déjeuner fut, comme on le pense bien, les-

tement expédié. Pour ne pas retarder le départ de
nos chasseurs, je ne m'étendrai pas sur les re-
merciements, les embrassades, les transports de
joie qui eurent lieu entre Ernest et ses bons parents.

Rosine et Pierrot avaient eu aussi leurs ca-
deaux : la première reçut un joli petit meuble en
palissandre qu'elle désirait depuis longtemps, et
le petit paysan une somme assez rondelette pour
son livret de caisse d'épargne.

On partit donc par un beau soleil qui se levait
dans un ciel sans nuage et aux joyeux aboiements
de Moustache, triste lévrier, il est vrai, pour des
chasseurs, car il n'avait jamais connu d'autre
chasse que celle qu'il faisait aux mouches.

On fit d'abord une ou deux lieues à travers les
bruyères, s'égratignant bien un peu les jambes et
les mains aux ronces par-ci, par-là; mais à la
chasse, tout doit être plaisir, c'est convenu d'a-
vance. Eugène, plus adroit et mieux exercé, tua
d'abord trois perdreaux. Ernest n'eut pas une aussi
heureuse chance : en vain observa-t-il la double
loi de la projection en ligne droite combinée avec
la pesanteur, tel qu'il l'avait étudiée chez le garde
Guillaume, son coup partait toujours ou trop haut
ou trop bas. Jusqu'alors tous ses exploits se rédui-
saient à un pauvre moineau à qui il avait cassé
une aile. Il faut dire aussi que nos trois enfants

avaient avec eux un hôte bien incommode et bien détestable, c'était ce malheureux Moustache, qui sautait, gambadait, aboyait à tort et à travers, effrayant ainsi le gibier un quart de lieue à la ronde : son maître, Pierrot, était lui-même impuissant à modérer cette joie intempestive.

Enfin, harassés de fatigue et un peu dépités de leur insuccès, nos chasseurs s'arrêtèrent sous un bouquet d'arbres, sur l'invitation de Rosine, qui, à part la fatigue, n'avait pas lieu de se plaindre comme ses jeunes compagnons, car elle avait su prendre une multitude de charmants papillons.

« Ah ! si j'avais au moins de l'eau fraîche, dit Ernest en s'essuyant le front, comme je boirais avec plaisir.

— En voici, frérot, dit le petit paysan en tirant de sa gibecière une bouteille de grès rouge ; donnez-moi seulement dix minutes, et vous boirez cela à la glace.

— Mais ta corbeille est brûlante, lui dit le petit collégien, et l'eau doit être presque en ébullition.

— Patience, ajouta Pierrot, et dans dix minutes, je vous le dis, vous m'en donnerez des nouvelles. »

Il prit alors son mouchoir, l'imbiba tout entier d'eau et en enveloppa la bouteille, qu'il exposa en plein soleil et dans un courant d'air.

« Voilà, dit-il, comment on fait dans mon pays.

— C'est donc un alcarazas que tu as là ? demanda Eugène.

— Connais pas, répondit-il ; tout ce que je sais, c'est que c'est comme cela qu'on fait dans mon pays. »

Le linge mouillé commença d'abord à fumer, et ne tarda pas à se sécher. Pierrot l'imbiba de nouveau et le remit au soleil ; puis il versa à ses compagnons, dans une petite timbale qu'il avait apportée, de l'eau passablement fraîche.

« Oh ! je n'y comprends plus rien, s'écria Ernest. Comment, c'est avec la chaleur qu'on rafraîchit l'eau maintenant ?

— Voici tout le secret, dit Eugène : ce vase est d'une matière très-poreuse, mais en l'enveloppant d'un linge humide dont le soleil boit l'eau avec avidité, on obtient cette vapeur que vous avez vue s'élever. Eh bien, chaque fois qu'un liquide se vaporise, il soutire toujours aux corps environnants de la chaleur....

— Ah ! je comprends, dit Rosine, et c'est l'eau de la bouteille qui lui a cédé de sa chaleur.

— Elle en cède d'autant plus qu'on renouvelle plus souvent la vaporisation. Si l'eau qui imbibait ce linge eût été de l'éther (substance éminemment vaporisable), on aurait pu parvenir à obtenir de la glace dans la bouteille.

— Ce n'est pas possible ! s'écrièrent les enfants.

— C'est très-possible, ajouta Eugène ; et je me rappelle avoir vu, au cours de physique du lycée Louis-le-Grand, notre professeur réussir à congeler de l'eau, en faisant vivement tourner une bouteille attachée à une longue ficelle et enveloppée d'un linge préalablement trempé dans l'éther.

— Cela me rappelle, dit Rosine, que maman m'a guérie d'un violent mal de tête en me mettant au front une compresse imbibée d'éther et en soufflant fortement dessus.

— Et ton mal de tête s'est sans doute envolé avec la vapeur de cette substance volatile?

— A peu près.

— Eh bien, moi, dit Pierrot, je n'ai pas réussi hier, quoique j'aie soufflé bien fort : je m'étais fait une brûlure à la main, à l'incendie que vous savez, mais, plus je soufflais, plus cela me cuisait.

— Je le crois bien ; tu fournissais un nouvel aliment à la chaleur. Au lieu d'y porter ainsi un courant d'air ou d'oxygène, tu aurais dû, au contraire, y opposer une barrière en y mettant de l'huile ou de la pomme de terre râpée, en un mot un corps compacte, qui eût isolé la partie brûlée.

—Tout ce que tu viens de dire là, reprit Ernest qui réfléchissait à part lui depuis quelques instants, m'éclaire sur un fait dont j'avais jusqu'ici vainement cherché la cause. N'est-ce pas par l'effet de la vaporisation de l'eau que l'on éprouve de certains frissons lorsqu'on sort du bain?

— Certainement, l'air chaud du cabinet de bain absorbe l'eau qui ruisselle de ton corps, et celle-ci en se réduisant en vapeur, soutire toujours de la chaleur intérieure. Le corps est alors, comme cette bouteille, une véritable alcarazas.

— Monsieur Eugène, dit Pierrot, j'ai bien envie de vous faire une question, mais j'ai peur aussi que ce ne soit une bêtise : Est-ce vrai qu'on fait de la glace avec de l'eau chaude? »

Tout le monde se mit à rire à une question ainsi formulée.

« Ne vous moquez pas si fort de lui, objecta le jeune B***, car il n'est pas si loin de la vérité que vous paraissez le penser. Du reste, puisque nous en sommes sur ce chapitre et que je ne vous vois pas encore très-disposés à reprendre notre chasse interrompue, je vais vous dire comment on peut faire de la glace au milieu de l'été. Dans une boîte de chêne d'un pied de haut sur un peu plus de large, on en place deux autres, en fer blanc, que l'on remplit d'eau, puis on verse dans la grande boîte un mélange d'acide sulfurique (affaibli à quarante et un degrés) et de sulfate de soude, qui occupe les espaces laissés dans cette boîte par les deux autres, que l'on a eu le soin de construire en conséquence. Il se fait d'abord une assez forte effervescence, ce qui produit ce que Pierrot appelle de l'eau chaude. Quand cette chaleur est passée, on agite fortement le mélange avec un bâton.

— Et la glace est faite ? dirent les enfants.

— Pas tout de suite, reprit le jeune professeur; il faut renouveler une ou deux fois le mélange, et l'on voit enfin l'eau des deux petites boîtes se congeler. Toutefois, j'ajouterai que les glaciers de Paris, les Tortoni et autres, s'y prennent d'une manière plus expéditive pour faire leurs glaces à la vanille, à la rose, etc. Ils ont un vase d'étain, appelé sabot, dans lequel ils mettent le sirop parfumé dont ils veulent faire leurs glaces ou leurs sorbets, puis ils le plongent dans un seau, au milieu d'un amalgame de glace pilée et de sel, et ils ont soin de remuer vivement le sabot, pour que le sirop se congèle plus promptement.

— Il faut convenir, dit Ernest, que c'est là une riche invention, car c'est bien bon, un sorbet ou une glace !

— Avouons-donc, dit Eugène que la physique a son mérite.

— Je le crois bien, dit Ernest, en jetant un coup d'œil sur son petit fusil.

— Il me semble, mes amis, dit Eugène en se levant, que nous ferons bien de reprendre le che-min de la maison ; car je vois là-bas un petit nuage noir qui ne me présage rien de bon; du reste, avec mes trois perdreaux et le friquet d'Ernest, nous aurions mauvaise grâce de nous reposer sur nos lauriers.

— Allons, debout! s'écria Ernest en saisissant son arme encore innocente : ce serait, en effet, honteux de rentrer les mains vides.

— Attention! dit Pierrot, j'aperçois là-bas, sous la haie de clôture du père Guillaume (on était, en effet, dans ces parages), j'aperçois un coq de bruyère.

— C'est un chat, fit Rosine en éclatant de rire.

— Tire toujours! s'écria Eugène en riant plus fort; en tout cas, c'est un chat qui a un bec et des ailes, je les vois. »

Pendant ce temps, Ernest, tout rouge de la peur de manquer son coup, ajustait l'animal à forme ambiguë, et Pierrot, tenant Moustache entre ses bras, lui serrait la gorge à l'étouffer, dans la crainte qu'il n'aboyât.

Le coup partit enfin. Un certain bruit se fit entendre derrière la haie.

« Frérot, vous avez encore raté la bête, fit le petit paysan, car je crois qu'elle se sauve.

—Pas du tout, dit Eugène; courons, nous avons fait bonne chasse. »

On courut de ce côté; Ernest semblait un com-

mandant qui s'élance vers une redoute dont il a
su déloger l'ennemi ; la haie fut écartée, brisée,
percée.

« Victoire ! s'écria le collégien, ivre de bonheur ;
c'est un magnifique canard sauvage.

— Ou domestique, se dit tout bas Eugène, qui se garda bien de détromper son frère.

— Oh! les belles plumes vertes piquetées de blanc, fit Rosine.

— Et quel poids! ajouta Ernest en le soulevant; plus de trois livres, je suis sûr.

— Le plomb ne l'a pas endommagé du tout, continua Pierrot en l'examinant de toutes parts, on pourrait l'empailler tel qu'il est....

— Il sera sans doute mort de saisissement, » murmura encore tout bas le jeune B***, en réprimant difficilement un sourire.

Bref, le canard *sauvage* fut mis dans la gibecière, et l'on reprit gaiement la route de la maison après avoir donné une bonne poignée de main au brave Guillaume, qu'on trouva, *comme par hasard*, à l'autre bout de la haie.

« Vois donc, mon cousin, dit Rosine au jeune professeur, comme ce nuage s'étend et monte en prenant une teinte foncée. A quoi doit-il sa formation, dis-moi, n'est-ce pas un grand amas de vapeurs ?

— Nous avons déjà vu, répondit Eugène, que, lorsque la vapeur subit un décroissement de température, elle passe à l'état liquide, c'est-à-dire qu'elle se résout en eau.

— Alors, objecta Ernest, les nuages là-haut doivent être comme de véritables lacs ?

— Non certes ; les nuages sont, au plus haut de l'atmosphère, ce que sont les brouillards au plus bas ; ce qui maintient en cet état l'eau qui les forme, c'est l'air même qui, s'interposant entre les molécules aqueuses, les tient extrêmement divisées, et ne leur permet de tomber qu'en gouttelettes.

— Ainsi, dit Pierrot, quand à table on découvre la soupière, la vapeur qui s'élève est donc un nuage ?

— Certainement, mon garçon, et cette eau limpide que tu vois attachée au revers du couvercle, et qui tombe goutte à goutte, est l'image exacte de la pluie.

— Et que diras-tu des pluies de crapauds, des pluies de sang? Y crois-tu ?

— Les prétendues pluies de sang qui ont parfois effrayé les habitants des campagnes, sont dues à des gouttelettes de liqueur rouge déposées par des myriades de papillons sorties en même temps de leur chrysalide, soit à de la rouille, soit à des plantes réduites en fine poussière. Quant aux pluies de crapauds, elles ont pour origine le grand nombre de ces animaux qui sortent de leurs retraites au moment de la pluie. Voilà l'explication la plus raisonnable de faits qui ont répandu la terreur parmi des populations simples et superstitieuses.

— Je ne sais s'il va tomber des grenouilles ou des crapauds, dit Pierrot, mais il me semble que nous ferions bien de hâter le pas si nous ne voulons pas voir bientôt notre canard accommodé au court bouillon.

— Tu penses donc que la pluie est bien près de tomber? lui demanda Rosine.

— Oh! j'en suis sûr, et ce qui me le dit, c'est la bricole de ma gibecière. Voyez comme ce cuir s'allonge et devient souple et mou.

— Pierrot fait de l'hygrométrie, remarqua Eugène, et ici l'expérience vaut bien la science.

— On peut donc prévoir infailliblement la la pluie? demanda Ernest.

— On s'y trompe rarement, quand on a l'habitude d'observer.

— Dis-moi donc quelque chose de l'hygrométrie, car je serais enchanté de pouvoir, comme Matthieu Laensberg, prédire la pluie et le beau temps.

— Vous savez que l'humidité, dit Eugène, est due à l'évaporation de l'eau par la chaleur; eh bien, nous avons sous les yeux mille exemples qui constatent ce phénomène. Ainsi, pourquoi lorsque à table on a apporté une carafe d'eau fraîche, voyons-nous la surface extérieure de cette carafe toute mouillée? Certes, le verre n'a pu laisser suinter, à travers ses pores, cette quantité d'eau.

— Je pense, dit Rosine, que c'est l'air échauffé de la salle qui, se mettant en contact avec la surface froide de la carafe, s'y est converti en eau.

— De même que, par un temps de dégel, ajouta Ernest, l'air, étant amené à un degré de température plus élevé que les murailles, va se fondre en eau le long de leurs parois.

— Et pourquoi, interrompit Pierrot, le sel se mouille-t-il tant dans les temps humides?

— Ceci, dit Eugène, tient à l'attraction, ou, si vous aimez mieux, à l'affinité que le sel a pour l'eau ; il attire à lui le peu d'humidité qui se trouve dans l'air.

— Je ne comprends pas trop bien ce que vous me dites-là, monsieur Eugène ; aussi je vais vous demander autre chose. Pourquoi donc les dindons s'épluchent-ils si fort quand il doit pleuvoir?

— C'est que, plus sensibles que nous à l'impression de l'humidité, ils la sentent sur leurs plumes ; de là ces démangeaisons qui les obligent à les tirailler et à les lisser.

— Ah! cette fois-ci, je vous comprends, et je pense que c'est encore pour cela que mon chat rouge, vous savez, celui qui a donné hier un si bon coup de patte dans l'œil de Moustache, se caresse si bien les poils quand il doit pleuvoir.

— Toutes ces observations, continua Eugène, auraient pu dispenser les physiciens de construire des hygromètres ; toutefois on a fait certains de ces instruments qui ont une grande sensibilité. J'en ai deux ou trois dans mon cabinet, dont je vais vous donner une courte descriptoin.

— Ce cheveu, dit Ernest, qui est pendu à ta bibliothèque, n'en est-il pas un ? Quel est donc le mécanisme d'un tel hygromètre ?

—Un simple cheveu suffit pour construire cet instrument; on le fait préalablement dégraisser dans une faible dissolution de potasse; puis on le suspend à un clou, et on l'enroule, si l'on veut, sur une petite poulie pour lui donner plus de mobilité. A l'extrémité inférieure de ce cheveu, on place une carte sur laquelle on inscrit un certain nombre de degrés, depuis l'extrême sécheresse jusqu'à l'extrême humidité. On conçoit maintenant que l'état de l'air fait varier la longueur de ce cheveu : il s'allonge par l'effet de l'humidité, il se raccourcit par celui de la sécheresse.

« On construit aussi un autre hygromètre avec une corde à boyau qui fait mouvoir le capuchon d'un capucin selon que la température sèche ou humide lui imprime une certaine torsion.

— Mais, dit Ernest, que rapportais-tu donc si précieusement dans tes poches le jour où nous sommes revenus du Havre ? Il me semble t'avoir entendu dire que c'était une plante hygrométrique.

— C'était effectivement du varech, espèce d'algue marine que la mer rejette sur ses bords ; le sel dont elle est saturée la rend très-propre à l'usage que j'en ai fait. L'instrument, du reste, est des plus simples : c'est uniquement un peu de cette feuille roulée que l'on place dans le plateau d'une petite balance, en équilibrant l'autre plateau avec un poids quelconque ; une aiguille placée sur le fléau et une carte divisée en degrés complètent l'hygromètre.

— Je crois bien, monsieur Eugène, dit Pierrot, que je deviens hygromètre moi-même ; car je sens que ma veste s'alourdit joliment sur mon dos, et je suis sûr que je pèse déjà trois ou quatre livres de plus. »

A ce moment, en effet, des gouttes tièdes et larges tombaient déjà assez abondamment. Comme la petite caravane avait marché vite et qu'on était près de la maison, on s'y rendit au pas de course, et l'on fut préservé de l'ondée.

« Maman ! maman ! s'écria Ernest en entrant, j'ai tué un canard sauvage !

— Beau début, mon enfant ! lui dit Mme B*** Voyons donc cette bête curieuse.

— Mais, dit M. B***, qui se trouvait là, qu'a-t-il donc à la patte ? un cordon rouge, ce me semble. »

Eugène fit aussitôt un signe d'intelligence à son père, et lui dit à l'oreille :

« C'est une galanterie du père Guillaume. Ernest ne se doute de rien. »

Le malencontreux cordon fut adroitement arraché sans que les enfants s'en aperçussent, et notre petit collégien resta persuadé qu'il était déjà un adroit chasseur.

CHAPITRE XVIII.

Suite de la chaleur. — Pouvoir réfléchissant. — Chaleur humaine. — Métallurgie. — Ébullition. — Fusion. — Conductibilité. — Rayonnement.

Lorsque les enfants eurent échangé leurs vêtements mouillés contre d'autres plus secs, ils coururent au cabinet d'Eugène pour vérifier l'état de
ses hygromètres ; ils trouvèrent en effet, le cheveu
notablement allongé, le capucin prudemment couvert de son capuchon, et enfin le varech de la
petite balance tout à fait au-dessous du niveau
de son plateau correspondant. Cette inspection
terminée, on descendit déjeuner ; nos jeunes gens
firent honneur à ce repas, car l'approche de l'o-
rage avait fait oublier les provisions que Pierrot
avait emportées dans son bissac.

Après le repas, on se mit gaiement aux devoirs grecs et latins. Nous dirons, à la louage d'Ernest, que ses thèmes et ses versions ne fourmillaient plus de ces fautes absurdes qui lui avaient valu une si cruelle déception lors de la distribution des prix à son collége. Du reste, l'habitude du raisonnement que ses études nouvelles lui donnaient, avait mûri son caractère et agrandi son intelligence et ses idées; ses parents étaient au comble de la satisfaction.

M. B***, prévenu par Eugène que les exercices sur la physique en étaient arrivés à l'article de la *chaleur*, pensa qu'il ne serait pas inutile de joindre l'exemple à la leçon, et, dans ce but, il proposa d'aller faire une visite à un de ses amis, un M. de Bouville, maître de forges, demeurant à quelques lieues de là, dans les bois de Lunéville.

On pense bien que cette proposition ne trouva pas de contradicteurs, et qu'il fallut peu de temps à la petite bande pour être prête.

La campagne s'était rassérénée; les prés, les arbres étaient d'un vert admirable : l'air était pur et embaumé, et la terre, humectée par ce récent orage, avait perdu cet éclat blanchâtre et fatigant qu'elle avait quelques heures auparavant.

« Il me semble, dit Rosine, qui cueillait çà et là des fleurs des champs pour son herbier, que ces jolies bruyères doivent se trouver bien du bain de pied qu'elles prennent maintenant.

— C'est-à-dire qu'elles vont geler, dit Ernest ; car le soleil paraît n'avoir plus la force de pénétrer ce sol bruni et humecté.

— Voyons, réfléchis bien à ce que tu avances là, Ernest, objecta M. B***; est-ce bien cette teinte foncée qui arrête les rayons solaires?

— Mais.... je le pense, répondit Ernest en hésitant cependant un peu.

— Eh bien! moi, je ne le pense pas du tout, reprit Pierrot en ôtant sa veste ; car j'ai eu la bêtise de quitter ma veste de nankin pour celle-ci, qui est couleur tabac foncé, et j'étouffe.

— Et, pour mieux te convaincre, mon petit cousin, dit Rosine, je vais te parler d'une petite expérience que je me rappelle avoir faite à ce sujet l'hiver dernier. J'ai posé sur la neige, par un beau soleil, deux morceaux de drap, l'un noir et l'autre blanc; eh bien! au bout d'un quart d'heure, la neige était fondue sous le drap noir, et à peine affaissée sous l'autre.

— Alors, reprit Ernest, je devine maintenant pourquoi notre jardinier blanchit de temps en temps à la chaux le mur de ses espaliers : c'est pour que les rayons solaires se reflètent sur ces poires et ses pêches, et ne pénètrent pas inutilement dans le mur.

— C'est encore en raison de ce principe, dit M. B***, que certains agriculteurs font répandre sur les terres trop fortes et trop noires des gravois de plâtre.

— Allons, bon! s'écria Pierrot, voilà les jardiniers et les laboureurs qui sont physiciens maintenant!

— Ils sont tout simplement observateurs, et obéissent souvent sans s'en douter aux lois qui président à l'ordre admirable de l'univers.

— Eh bien, Ernest, je devine encore pourquoi l'architecte de papa, en construisant nos nouvelles cheminées, les a garnies de plaques de faïence blanche : c'est pour que le feu de l'âtre se réfléchisse mieux dans l'appartement.

— Je suppose, à mon tour, ajouta Rosine, que c'est pour une raison semblable, que le thé, par exemple, se tient si longtemps chaud dans notre nouvelle théière argentée par le procédé Ruolz....

— Eh! dites-moi, s'écria Pierrot, voilà une fameuse idée qui me vient : s'il en est ainsi, les nègres ne doivent-ils pas avoir plus chaud que vous et moi?

— L'observation de Pierrot a du bon, fit Eugène, ne serait-ce qu'en me rappelant quelques chiffres que j'ai à vous communiquer sur la chaleur humaine.

« La chaleur normale du corps est à peu près

à trente-deux degrés pour la race blanche. Elle est de trente-quatre degrés trente-cinq dixièmes pour celle des hommes de couleur. John Davy l'a trouvée élevée jusqu'à trente-sept degrés deux dixièmes chez quelques Africains dans la force de l'âge.

— Et dans la fièvre chaude, dit Rosine, là où la peau est brûlante et sèche, la chaleur doit être extrême?

— Oui, répondit M. B***, à la superficie; mais elle n'est guère augmentée, en général, que de trois ou quatre degrés à l'intérieur; seulement elle nous est beaucoup plus désagréable.

— Et la chaleur des animaux, dit Ernest à son père, est-elle bien différente de la nôtre?

— Tiens! repartit Pierrot, outré de cette question, vous allez peut-être, frérot, nous comparer à votre canard sauvage?

— Je tiens à ne pas offenser ton amour-propre, mon pauvre Pierrot, repartit Eugène; mais je ne puis m'empêcher de te dire que la température des canards même fait honte à la nôtre, car elle est de quarante-trois degrés neuf dixièmes; celle des pigeons, de quarante-trois degrés un dixième; celle des poules, à peu près de même; celle du moineau, de quarante-deux degrés.

— Vous humiliez considérablement notre estimable race, fit le petit paysan d'un ton piteux;

eh bien ! dites-moi, je vous prie, quelle est la chaleur des grosses bêtes, du bœuf par exemple?

— Oh ! cela commence à se rapprocher de nous,
console-toi, car la température des gros animaux,
bœuf, cheval, tigre, est de trente-sept à trente-
huit degrés.

— Assez, assez, fit Pierrot décontenancé, passons aux poissons.

— Ah ! cette fois-ci, tu vas relever la tête. Quant
aux poissons et aux vers, on peut supposer qu'ils
ont à peu près la température des eaux ou des
terres dans lesquelles ils vivent, c'est-à-dire très-
peu de chose.

— C'est bien heureux, » grommela Pierrot.

Tout en discourant ainsi, on était arrivé au haut
fourneau de M. de Bouville.

Après les compliments d'usage, on alla visiter
les travaux ; c'était, il faut l'avouer, arriver au
plus beau moment, car on allait, comme disent les
ouvriers, *couler la gueuse*, c'est-à-dire qu'on ouvrait
la trappe du *gueulard* (corps du fourneau) par laquelle le minerai en fusion fait irruption comme
un fleuve de feu et illumine d'une teinte rouge et
éblouissante tous les objets environnants.

Un sillon tracé dans un sable fin et bien battu
est le moule dans lequel ce flot incandescent
roule, étincelle, bouillonne et se fige lentement.

Ce spectacle grandiose et tout nouveau émerveilla nos jeunes physiciens ; ils ne pouvaient assez admirer et suivre dans sa chute cette matière admirable et terrible tout à la fois. A quelques mètres plus haut que cette trappe, véritable bouche d'enfer, était une autre ouverture pratiquée dans le *ventre* du fourneau et au niveau supérieur du métal en fusion, de laquelle découlait une matière vitreuse, colorée, bouillante, nommée le *laitier*, résidu de la fusion des matières siliceuses et terreuses mêlées au minerai ; les scories que formait cette espèce de lave charmèrent encore les enfants par leurs formes anguleuses et par leurs nuances nacrées.

Enfin, lorsqu'on eut bien tout vu, tout admiré, qu'on se fut promené dans tout l'établissement, M. de Bouville offrit à ses visiteurs une collation à laquelle tout le monde fit honneur, puis vint le chapitre inévitable des questions.

« Comment donc, demanda Ernest, cette matière dure, rouillée, grossière, que vous appelez du minerai, peut-elle devenir, dans ce moule de gueuse, si brillante et si pure ?

— Je ferai précéder ma réponse, mon petit ami, d'une courte explication qui me semble indispensable, car, si je vous disais que le minerai est une combinaison de fer et d'oxygène, vous me demanderiez ce que c'est que l'oxygène.

— J'avoue, dit Ernest en rougissant un peu, que ce mot m'est encore tout à fait étranger.

— Au risque de me répéter, je vous rappellerai qu'il fait partie de l'air que nous respirons, qui nous entoure, qui pèse sur nous....

— Comment! l'air est pesant?

— Sept cent soixante litres d'air pèsent un kilogramme, ou, si vous aimez mieux, autant qu'un litre d'eau. Cet air est un composé d'oxygène (qui entretient la respiration et la vie) et d'azote (air mortel et irrespirable) dans les proportions de vingt et une parties du premier et soixante-dix-neuf du second. Or, l'oxygène a une grande affinité pour certaines substances, par exemple pour le fer, et plus encore pour le charbon.

— Mais comment peut on s'en assurer?

— Ce qui se passe dans ce fourneau le démontre d'un manière irrécusable. Voyez ce minerai que recouvre une épaisse couche de ce que vous appelez de la rouille, et que les chimistes appellent de l'oxyde de fer. Eh bien! il absorbe une certaine quantité de cet oxygène dont nous parlions tout à l'heure, il en est saturé, rongé; il convenait donc de trouver un moyen de l'en débarrasser. On a remarqué que le charbon en ignition, tel que vous le voyez dans ce haut fourneau, était la substance pour laquelle l'oxygène a le plus de sympathie.

— De sorte que le minerai se dépouille, là-dedans, de cette vilaine rouille, et devient fer en sortant? dit Rosine.

— C'est cela même : le charbon désoxyde le métal.

— Mais que deviennent ces autres matières grossières mélangées avec le minerai ? ajouta Ernest.

— On a dû, continua M. de Bouville, chercher encore le moyen de les trier et de les anéantir. Pour cela, on jette dans la masse qui doit fondre, une certaine quantité d'argile et de craie, ce qui aide les cailloux et autres matières étrangères à se liquéfier, à se vitrifier même.... et c'est ce *laitier* que vous avez vu couler (comme étant plus léger) de la partie supérieure de la fonte.

— La fonte n'est pas encore du fer, n'est-ce pas, monsieur? demanda Rosine.

— C'est du fer non épuré et contenant cinq à six pour cent de matières étrangères, dans lesquelles le charbon entre pour près de moitié.

— Eh bien, comment obtient-on le fer pur ?

— En le fondant de nouveau, et en le martelant en conséquence.

— Monsieur, dit Pierrot en tirant de sa poche un mauvais couteau, mon eustache est-il en fonte ou en fer?

— S'il n'était pas en belle et bonne tôle, dit

M Bouville en examinant ce couteau en riant, il pourrait être en acier.

— Et l'acier, objecta M. B***, est tout simplement du fer qui a subi un nouvel affinage, je pense?

— On amène le fer à ce dernier degré de perfection, soit par la fonte, soit par la *cémentation* (bain de charbon, de suie et de sel), soit par la trempe. »

A ce point de la conversation, une visite inattendue vint forcer M. de Bouville de s'interrompre tout à coup ; c'était l'ingénieur en chef du chemin de fer de Metz à Nancy qui venait faire une commande importante de rails. Le maître de forges s'excusa près de sa jeune société d'amateurs, et leur demanda la permission de passer dans son cabinet avec ce fonctionnaire.

« C'est fâcheux, dit tout bas Ernest, que la conversation ait été ainsi interrompue au moment le plus intéressant.

— Tu sais tout ce qu'il 'te faut savoir quant à présent, lui dit son frère, car, de tout ce qui a été dit, qu'il te suffise de te rappeler que l'oxygène est l'aliment indispensable pour toute combustion.

— C'est sans doute pour cela qu'on a adapté, à la base de ce haut fourneau, ces énormes soufflets mus par une chute d'eau, qui fournissent une assez notable quantité de cet indispensable oxygène.

—Et si le feu en est friand, dit Pierrot, ils ne lui comptent pas les bouchées ; c'est pis qu'un ouragan.

— Puisque nous en sommes sur ce chapitre, reprit Ernest, je voudrais bien fixer tout à fait mes idées sur ce mot *ébullition*. Quand un liquide doit-il donc bouillir ? il y a sans doute un point de départ connu ?

— Tu dois te rappeler, lui répondit Rosine, qu'en parlant du thermomètre, nous avons vu que l'eau bout à cent degrés.

— Plus ou moins, dit Eugène, en souriant.

— Comment! mon cousin, il n'y a pas de loi positive, invariable ?

— C'est comme la loi du niveau de ce taquin de tonnelier, dit Pierrot, il y avait toujours des *si* et des *mais*.

— Au moins il y a des conditions, ajouta le jeune B***, tout dépend du lieu où l'on se trouve ; car, pour que l'eau puisse bouillir, il faut que l'air qu'elle contient surmonte la pression de l'atmosphère qui pèse à sa surface (et cette pesanteur est d'un kilogramme par centimètre carré).

— Alors, dit Rosine, l'eau bouillira donc plutôt sur un lieu élevé que dans un fond ?

— Sans doute ; puisque la couche d'air y sera moins épaisse, et, par conséquent, moins pesante. Ainsi, au sommet de l'Observatoire de Paris, l'eau

bout à quatre-vingt-dix-neuf degrés sept dixièmes,
et à la métairie d'Antisana (Amérique), qui est
l'habitation la plus élevée du globe, l'eau bout à
quatre-vingt-six degrés seulement.

— Ah! si j'avais su cela, s'écria Pierrot, j'aurais
donné un fameux conseil, l'autre jour, à la cuisinière, car, ayant une course à faire, elle avait re-
commandé à son pot-au-feu de ne pas aller trop
vite, et elle n'a pas été écoutée.... aussi, a-t-elle
remis une bonne quantité d'eau pour remplacer
le bouillon qui s'était évaporé.

— Il lui aurait suffi, dit Eugène, de mettre son
sel avant l'ébullition.

— Et pourquoi cela? demanda vivement Rosine.

— Parce que l'eau salée est beaucoup plus
dense (plus lourde) que l'eau pure, et l'ébullition
n'eût commencé qu'à cent huit degrés.

— C'est bon à savoir, dit tout bas la jeune fille.

— Y aurait-il moyen que l'eau ne bouillît pas
du tout? reprit Ernest.

— Oui, si l'on exerçait une très-énergique pression sur sa surface, en y maintenant forcément la
vapeur; c'est ce problème que Papin a su résoudre
par l'invention de sa marmite autoclave.

— Et, enfin, demanda de nouveau Ernest, s'il
n'y avait pas de pression du tout, qu'arriverait-il?

— Si l'on *fait le vide*, c'est-à-dire si l'on retire
l'air qui pèse sur un liquide (cette expérience se

fait sous une cloche, au moyen de la machine pneumatique dont nous parlerons plus tard), l'eau pourrait bouillir à trente degrés, et si l'on absorbe même la vapeur qui se forme pendant l'opération, le liquide, quoique descendant jusqu'au-dessous de zéro, bouillirait encore. On vend, chez les marchands d'instruments de physique, un petit appareil nommé *bouillon d'eau* : il contient de l'esprit-de-vin et est notablement purgé d'air ; aussi ce liquide bout-il dès qu'on tient une des boules dans le creux de sa main ; cette faible chaleur est suffisante.

— Les liquides bouillent ; et les métaux ?.... demanda Ernest.

— Ils fondent ; et, de même qu'il y a des degrés pour l'ébullition, il y en a pour la fusion des corps solides. Ainsi, l'étain fond à deux cent trente degrés, le plomb à deux cent trente-quatre, le zinc à trois cent soixante, le bronze à neuf cents, l'argent à mille, l'or à douze cent cinquante, et le fer à quinze cents.

— Oh ! c'est si joli quand ça fond, le fer, dit Pierrot ; ça prend trente-six mille couleurs ; j'ai vu cela un jour, chez le maréchal, en menant ferrer Cocotte.

— On a constaté effectivement, dit Eugène, qu'à cinq cent vingt-cinq degrés la couleur rouge apparaît, à mille elle prend une belle teinte cerise, à douze cents elle devient orange, à douze cent cinquante elle passe au blanc, et enfin, à quinze cents, au moment de la fusion, elle brille d'un tel éclat, que les yeux éblouis se fatiguent à la regarder.

— Mais, pour en terminer avec l'ébullition, je vous demanderai si vous avez jamais remarqué, quand l'eau commence à bouillir, ce mouvement de va-et-vient qui s'établit du fond du vase à son sommet?

— Effectivement, dit Rosine, j'ai jeté un jour quelques parcelles de sciure de bois dans de l'eau qui chauffait dans un vase de cristal, et j'ai vu des bulles d'air partir du bas pour monter à la surface, puis, un contre-courant s'établir du haut en bas, et, dans ce double mouvement, ma sciure faisait la navette, ce qui m'a bien surprise.

— Tu conçois, cousine, que cela était produit par le mouvement des couches inférieures, qui, en s'échauffant, devenaient légères et montaient prendre la place des couches supérieures; celles-ci, moins chaudes, et par conséquent plus lourdes, descendaient au fond, s'y échauffaient de nouveau et recommençaient leur mouvement d'ascension. »

Pendant cette petite digression, qui semblait ne pas amuser beaucoup Pierrot, le petit tournebroche s'était approché du métal récemment fondu et bouillant encore, et venait d'y plonger (pour s'assurer de son degré de fusion, sans doute) une grande pince de fer : mais aussitôt il la rejeta loin de lui en poussant un cri.

« Aïe ! aïe ! que c'est chaud ! s'écria-t-il. Je n'ai pourtant fait qu'y toucher du bout de cette pincette qui m'a rôti les doigts à l'instant même.

— Si tu avais pris ce manche à balai, dit Eugène, en plongeant un morceau de bois dans la matière fondue, tu n'aurais pas payé si cher ta curiosité.

— Tiens ! que c'est drôle ! votre bâton ne vous joue pas de mauvais tour, monsieur Eugène ?

— Pour un artiste comme toi, mon pauvre Pierrot, dont l'habileté est si bien connue à tenir le bout de ta broche, c'est n'être guère bien avisé.

— Vous avez raison tout de même ; car je fais cette expérience-là chaque fois que vous mangez du rôti de ma façon : je n'y avais pas pensé.

— Cet accident de notre ami Pierrot, continua Eugène, nous amène tout naturellement à parler de la conductibilité des corps, c'est-à-dire de la propriété que possèdent les corps de se laisser traverser par la chaleur.

— Je sais, dit Rosine, qu'il y a des objets qui sont plus ou moins bons *conducteurs de la chaleur*; et je vois déjà qu'il y a une grande différence entre le fer et le bois.

— Ainsi, reprit Eugène, la paille, le coton, la plume, la soie, sont de très-mauvais conducteurs ; car, vous le voyez, j'allume à ce charbon ces brins de paille, et ils brûlent jusqu'auprès de ma main sans que j'en éprouve la moindre douleur. Eh bien ! que pourrait-on en conclure?... Voyons, Ernest, réfléchis et donne-moi une bonne raison.

— Dame!... je dirai que la laine, la ouate et les fourrures sont des objets excessivement chauds.... mais, cependant, j'y pense, il me semble qu'ils ne le sont pas par eux-mêmes.... Ah! j'y suis! j'y suis! Si une bonne douillette ouatée tient chaud, c'est bien plutôt qu'elle empêche la chaleur du corps de se perdre que parce qu'elle lui en donne.

— Ou, en d'autres termes, mon cousin, dit Rosine, parce que ces substances sont de mauvais conducteurs.

— Je suis enchanté de votre perspicacité ; vous avez parfaitement compris qu'il suffit de s'opposer à la déperdition de la chaleur pour avoir chaud. Voilà, en effet tout le rôle que jouent nos vêtements d'hiver.

— Comment font donc les poissons, l'hiver? dit Pierrot ; ils ne mettent ni robes de chambre ni paletots fourrés, les pauvres bêtes ; à moins qu'ils ne regardent comme courte-pointe la croûte de glace que le bon Dieu étale sur leur lit quand il gèle bien fort.

— Les poissons ont leur appartement d'hiver, répondit Eugène; ils ne sont pas forts en physique, mais ils savent, ou ils sentent fort bien que l'eau est un mauvais conducteur de la chaleur; aussi vont-ils se réfugier tout au fond du lit des fleuves ou des lacs, sachant bien que l'épaisseur des eaux conservera la température tiède des couches inférieures. Vous voyez que la Providence s'étend loin et a pensé à tout.

— Et l'air! dit Ernest avec une certaine intonation de voix qui semblait être un défi à son frère de lui prouver que ce fluide pouvait conserver la chaleur.

— Ce sera moi qui répondrai à cette question, dit M. B***, qui revenait de faire un tour dans la fonderie. Te rappelles-tu ce que mon architecte a fait dernièrement à ma chambre à coucher?

— Il y a fait mettre des doubles fenêtres.

— Et dans quel but? dis-moi.

— Mais, c'est pour.... je ne devine pas. A toi, Rosine.

— Je suppose, dit la jeune fille, que si l'on enferme ainsi de l'air entre deux barrières, c'est qu'on pense qu'il sera là comme le gardien de la chaleur de l'appartement.

— C'est très-bien répondu, ma chère cousine;

dit Eugène. Eh bien! pourrais-tu me dire maintenant la différence qu'on peut faire d'un poêle de
fonte ou de tôle avec le poêle de faïence?

— Le premier, évidemment, émet plus vite sa

chaleur, en raison de sa vertu conductrice, et le
second plus lentement, car il l'absorbe et la con-
serve : avec l'un on jouit plus vite, avec l'autre
on jouit plus longtemps; c'est aux frileux à choisir.
Du reste, sachez que la chaleur a aussi son niveau,

c'est-à-dire qu'elle tend continuellement à se mettre en équilibre avec les corps environnants : c'est là le rayonnement.

— Ainsi, dit Ernest, si je me mets en contact avec un corps dont la température soit à zéro, il faudra que la mienne, qui est à trente-deux degrés, lui en cède la moitié?

— Ah! ah! interrompit Pierrot, je comprends cela tout à fait, moi ; car, par un beau jour de janvier qu'il gelait fort, je m'étais assis sur la glace du canal et j'ai eu la bêtise de m'y endormir; eh bien! quand je me suis réveillé, je ne sais pas si la glace était à trente-deux degrés, mais, moi, j'étais joliment au-dessous de zéro; si bien que j'y ai laissé le fond de mes chausses.... et cela en plein mois de janvier. »

CHAPITRE XIX.

POÊLE. — BALANCIER DE PENDULE. — SCULPTURE SANS SCULPTURE. — LOCOMOTIVE.

Suite de la chaleur. — Dilatabilité des métaux. — Vaporisation des liquides. — Machines à vapeur.

On riait encore de la naïveté de Pierrot, quand M. de Bouville, qui venait de congédier son ingénieur, survint et prit part à l'hilarité générale.

« Voyons, mes petits amis, dit-il, de quoi causiez-vous pendant mon absence ? La vue de ce feu, de cette fonte qui ruisselle, et de ces énormes gueuses de fer qui vont partir à la fonderie, vous avait-elle fourni un sujet et des matériaux pour vos études?

— Nous allions entamer le chapitre de la dilatabilité des corps, dit Eugène.

— Mais nous nous en tiendrons là, ajouta M. B***, car il serait peu séant d'ennuyer M. de Bouville de nos dissertations sur la physique.

— Mais tout au contraire, dit vivement celui-ci, et je me ferai certes un grand plaisir de vous faire part de quelques connaissances que j'ai en métallurgie et en physique, afin d'augmenter de quelques notes l'album de M. Ernest. Entrons donc tout de suite en matière, et, puisqu'il est question de *dilatabilité*, je puis ici même vous faire tout de suite une expérience à ce sujet. Voici précisément une tige de fer de forme conique, nous prendrons un de ces anneaux pour compléter l'appareil. Posons d'abord cette tige debout.... Bien. Vous voyez qu'en y enfilant l'anneau nous ne pouvons guère le faire glisser qu'aux trois quarts. Si le petit Pierrot veut marquer avec de la craie le point où il s'arrête, nous allons continuer l'expérience en faisant rougir au fourneau l'anneau que nous présenterons de nouveau. »

Ce que demandait M. de Bouville fut exécuté, et les enfants virent avec surprise l'anneau que l'on avait fait rougir descendre jusqu'au pied de la tige.

« Si, au contraire, ajouta le maître de forges, nous pouvions faire séjourner pendant quelque temps notre anneau dans de la glace, le froid le contracterait, et il entrerait tout au plus jusqu'à moitié de la tige. C'est encore en raison de la dilatation et de la contraction que le tablier des ponts suspendus est laissé flottant; car les fils de fer, obéissant aux diverses températures qui peuvent les allonger ou les raccourcir, briseraient tout, si quelque point d'attache s'opposait à ce double jeu.

— Et n'est-ce pas encore la dilatation, dit Rosine, qui fait casser les fontaines et les vases dans lesquels l'eau vient à geler l'hiver?

— Certainement, répondit M. de Bouville; la chaleur pénétrant brusquement la glace, celle-ci augmente de volume, et brise sa prison.

— Maman m'a montré une expérience très-simple et très-amusante, dit Rosine: un soir, près du poêle, elle coupa en spirale un rond de papier fort et le suspendit à un fil de fer recourbé qu'elle attacha au tuyau, et aussitôt la petite mécanique tourna merveilleusement. Pourquoi?... C'est à mon grand cousin de nous le dire.

— Ceci me donne occasion, dit Eugène, de vous décrire la construction d'un tournebroche.... Ah! ah! cela fait dresser les oreilles à l'ami Pierrot, je crois. Eh bien! qu'il m'écoute, et, s'il peut en avoir un semblable dans sa cuisine, dorénavant il se croisera les bras devant son gigot.

— Quel bonheur! s'écria le petit paysan; oh! je suis tout oreilles....

— Vous comprenez, continua Eugène, que le

mouvement d'ascension de l'air chaud, dilaté par la chaleur du poêle ou par la flamme de la cheminée, fait tourner le papier de Rosine ou les hélices en tôle d'un tournebroche construit en spirales superposées les unes sur les autres et se mouvant sur pivot....

— Ainsi, dit Rosine, tous les corps, qu'ils soient solides, liquides ou gazeux, se dilatent par la chaleur. Cela me semble un fait établi ; cela me donne à penser maintenant que ces tiges brillantes de cuivre et de fer qui forment le balancier de notre pendule pourraient bien avoir un autre but que l'ornementation de cet objet, qui me semblait, il est vrai, un peu lourd. N'y aurait-il pas quelque mystère de la dilatation dans cet agencement simultané de deux métaux? N'est-ce pas ainsi, du reste, que ces tiges sont disposées? ajouta la jeune fille en dessinant un balancier à peu près tel qu'on en voit à toutes les pendules de ce genre.

— Vous avez raison, dit M. de Bouville; on a cherché, par l'agencement de ces tiges de fer et de cuivre, à neutraliser ces *retards* et ces *avances* continuels qui font si souvent varier les pendules. En voici le mécanisme: la tige principale supporte un premier cadre de fer ; sur la base de ce cadre en est un second en cuivre ; celui-ci en soutient un troisième en fer, qui enfin, en supporte un dernier en cuivre. C'est à ce quatrième qu'est attachée la tige de la lentille. Vous concevez maintenant que lorsque la température augmente en chaleur, toutes les tiges de fer, en s'allongeant, font descendre la lentille, mais aussi que les tiges de cuivre, se dilatant de bas en haut, la font remonter ; or, il y a nécessairement compensation dans ces deux mouvements opposés, et, par conséquent, fixité constante dans la lentille. C'est pour cette raison qu'on a donné à ce balancier le nom de pendule compensateur.

— Je vous remercie mille fois de cette explication, fit Rosine avec une gracieuse révérence.

— Cette dilatation des métaux, dit Eugène, me remet en mémoire une opération bien curieuse que M. Molard a tentée au Conservatoire, à Paris, pour rapprocher deux pilastres de pierre qu'une trop grande surcharge sans doute avait fait dévier de leur aplomb. Il fit traverser les deux piles par des barres de fer ; les deux extrémités de ces barres, qui étaient saillantes en dehors des deux murs, se terminaient en pas de vis dans lesquels étaient passés de fort écrous, puis on chauffa énergiquement les barres, qui, par l'effet de la dilatation, s'allongèrent. On rapprocha alors les écrous, qui furent serrés jusqu'au mur, et enfin on attendit que le fer, revenant de lui-même par le refroidissement à son état naturel, ramenât, par une contraction prévue d'avance, les deux pilastres à leur aplomb, ce qui arriva en effet. Du reste, c'est par le même principe que les charrons frettent leurs roues, en les cerclant à chaud ; la contraction produite par le refroidissement du fer resserre les jantes et communique aux roues plus de solidité.

— C'est une admirable expérience, dit M. de Bouville en tirant négligemment une superbe tabatière sculptée fort délicatement, et affectant de la laisser voir à ses petits visiteurs.

— Oh! le curieux objet d'art et de patience! s'écrièrent les enfants ; que cette boîte est jolie, et surtout savamment travaillée !

— Savamment n'est pas le mot, dit le maître de forges, car celui qui l'a faite ne connaissait nullement le dessin, et encore moins la sculpture.

— Mais c'est impossible, tout à fait impossible! ajouta-t-on en l'examinant de plus près.

— Pardine! si c'est un sorcier, dit Pierrot, ce n'est pas malin.

— Vous pourriez être tout aussi bien sorcier que lui, reprit M. de Bouville, pourvu que vous sachiez décalquer un dessin et donner quelques coups de marteau sur un poinçon.

— Comment! c'est là tout le procédé? dit Eugène, qui cette fois, était pris au dépourvu et ne devinait pas ce nouveau mode de sculpter sans être sculpteur.

— Voici tout le secret, continua M. de Bouville:

on dresse avec soin au rabot un disque de bois dur sur lequel on décalque tout bonnement le premier dessin venu; puis avec quelques poinçons de fer plus ou moins fins, on frappe sur les traits de ce dessin, de manière à les enfoncer dans le bois à une profondeur d'un ou deux millimètres.

— Mais cela fait la sculpture en creux, dit Ernest.

— Ayez donc un peu de patience, et vous allez la revoir bientôt en bosse. On reprend une seconde fois le rabot, et l'on use le bois jusqu'à ce qu'on atteigne la profondeur où les coups de poinçon ont pénétré; tout se trouve alors sur un même plan; mais notez bien que toute la partie qui comprend le dessin a été fortement refoulée, comprimée....

— Ah! je devine le reste, interrompit Eugène; il suffit de jeter le bois dans l'eau bouillante, alors, le bois se dilate, et les traits du dessin, qui sont bien plus refoulés que le reste, saillissent davantage et forment ce relief. J'avoue à présent qu'on peut être sculpteur de cette façon à peu de frais.

— Puisque nous faisons un véritable cours de physique, dit M. de Bouville, causons un peu de la propriété merveilleuse qu'ont l'eau et le gaz de se dilater.

— Quoi! les gaz! dit Ernest, ces émanations si subtiles, si impalpables, se dilatent aussi?

— Aimez-vous la bière? dit M. de Bouville.

— Oui, monsieur, répondit Ernest sans trop sa-

voir où aboutissait cette question, jetée là comme
une apostrophe ; oui, certes, et surtout quand elle
mousse. »

Sur un signe que fit le maître de forges, un domestique en apporta quelques bouteilles.

« Veuillez en ce cas, continua son interlocuteur,
chauffer un peu le creux de vos deux mains à ce
fourneau et les appliquer immédiatement sur une
de ces bouteilles. »

Eugène fit ce qu'on lui prescrivait, et, quelques
minutes après, le bouchon de la bouteille partit

avec détonation, et un jet de liquide alla violem-
ment inonder la figure de Pierrot, qui s'était approché pour voir l'expérience de plus près.

« J'aime bien la bière, murmura celui-ci tout
bas, mais dans un verre, et non pas comme cela
en pleine figure.

— Je comprends parfaitement, dit Ernest riant
de la mésaventure du petit curieux ; la chaleur de
mes mains a dilaté le gaz dans cette bouteille,
et il s'est fait place aux dépens du bouchon.

— Et de ma figure, ajouta le petit tournebroche
en achevant de s'essuyer.

— Il en est de même du vin de Champagne, de
l'eau de Seltz, de la limonade gazeuse, dit M. de
Bouville ; c'est l'acide carbonique qui leur donne ce
petit goût aigrelet si agréable, et qui les fait mous-
ser et détoner. Mais arrivons à l'étude de la vaporisation de l'eau. La dilatation de sa vapeur est telle,
que Vauban, notre célèbre ingénieur militaire, a
constaté que si dix kilogrammes de poudre peuvent
faire sauter un poids de deux mille cent quarante-
trois kilogrammes, l'eau réduite en vapeur en ferait
sauter un de sept mille sept cents.

— Combien donc, demanda Ernest, la vapeur de
l'eau tient-elle de fois la place de l'eau même ?

— Mille sept cents fois, mon ami, lorsqu'elle
est produite par une température de cent degrés
à l'air libre.

— Et de combien, dit M. B***, cette vapeur pése-t-elle sur le parois des vases où elle se trouve renfermée?

— Elle y exerce, répondit M. de Bouville, une pression de un kilogramme trente-trois centigrammes par centimètre carré; mais, lorsqu'elle est comprimée dans un appareil autoclave, comme, par exemple, la chaudière d'une machine locomotive, sa pression augmente avec sa température; ainsi: l'eau amenée à cent vingt et un degés par l'ébullition exerce une pression de deux kilogrammes ou de deux atmosphères; à cent quatre-vingt-un degrés, une pression de dix kilogrammes trois centigrammes, ou de dix atmosphères.

— Je suis bien aise d'avoir ces calculs, dit Ernest en écrivant sous la dictée de M. de Bouville; car, jusqu'à présent, je ne savais guère ce que l'on entendait par une force de trois, quatre, vingt atmosphères. Mais qu'arriverait-il, monsieur, si l'on poussait cette force de dilatation à un point extrême?

— Eh bien! dit Pierrot, tout éclaterait, et la chaudière, le bateau et les passagers iraient tout droit jusqu'à la lune.... Ça s'est déjà vu!

— Ce petit Pierrot n'a pas tout à fait tort, bien qu'il envoie ses passagers un peu loin, dit M. de Bouville; car autrefois ces explosions étaient possibles, mais, depuis qu'on a adapté aux chaudières la soupape de sûreté et les plaques fusibles, ces accidents sont fort rares et c'est tout plaisir de voyager ainsi.

— Je serais bien désireux, monsieur, dit Ernest en hésitant un peu, de savoir quelque chose de relatif aux locomotives des chemins de fer, car j'admire ces merveilleuses machines, mais sans les comprendre; cependant je ne voudrais pas abuser de votre excessive complaisance.

— C'est toujours me rendre heureux, mon petit ami, que de me donner l'occasion d'être agréable et utile aux jeunes gens désireux d'apprendre, et votre demande d'ailleurs ne peut venir plus à propos; car, en causant tout à l'heure avec l'ingénieur du chemin de fer, je lui ai emprunté exprès quelques dessins dont il avait plusieurs copies. Du reste, si une machine à vapeur appliquée à l'industrie, et une locomotive, diffèrent un peu par la forme, le principe et l'effet sont toujours les mêmes. Le premier mobile de toute machine à vapeur, continua M. de Bouville, est cette force motrice qu'on emprunte à la vapeur, pour l'appliquer à l'effet recherché.

— Je comprends cela; mais ce que je voudrais connaître, c'est la manière de l'appliquer.

— Eh bien! pour vous en donner une idée, appliquons le système à la traction d'un chemin de fer. Pour cela, vous le pensez bien, il faut avant tout trouver un moyen de faire tourner les roues. Eh bien, examinons d'abord cette exquisse dans l'appareil arbitrairement choisi, et qui nous donnera plutôt une idée générale de l'effet demandé qu'une application spéciale. Supposons d'abord un levier appuyé sur une base quelconque par son centre. A gauche, nous représenterons un piston exécutant, par le moyen de la vapeur, un mouvement continu, ascendant et descendant, qui fera, c'est évident, osciller ce levier, et l'obligera ainsi de lever et d'abaisser alternativement la tige fixée à droite, à son extrémité. Si nous supposons encore cette tige attachée à un essieu coudé doublement, nous devons penser que l'essieu tournant entraînera dans son mouvement les roues qui y sont adhérentes. A la place de ces roues, nous pouvons placer toute autre mécanique, soit un engrenage, soit une bascule ; toujours est-il que nous obtiendrons là un mouvement, une force quelconque ; car mon but, en vous faisant cette explication, n'est pas de vous donner encore un plan de locomotive, ce n'est qu'un principe, un moteur ; appliquez-y toute modification que bon vous semblera, je tiens seulement à vous ébaucher un type de force motrice.

— Je vois parfaitement l'effet, dit Ernest ; maintenant j'en voudrais voir la cause.

— C'est-à-dire le jeu de la vapeur. Eh bien !

examinons d'abord, et à peu près encore, l'intérieur d'une chaudière. La chaudière est divisée en
deux parties bien distinctes : dans le bas est ce
qu'on appelle les *bouilleurs;* ce sont des compartiments dans lesquels l'eau de la chaudière pénètre, et dont les parois sont pour ainsi dire *léchées*
par la flamme. L'eau ne doit monter qu'à la moitié de la hauteur, le reste de l'espace étant réservé
à la vapeur. Voici maintenant pour quel usage
sont pratiquées les ouvertures faites à la partie
supérieure : une première, à gauche, est un tuyau
bifurqué, dont la première branche porte une de
ces *plaques fusibles* dont j'ai déjà parlé ; c'est une
petite planchette d'un métal qui fond à une température donnée (cent vingt-sept degrés), et toujours moindre que celle qui pourrait faire éclater
la chaudière. Vous concevez maintenant que si
cette vapeur se trouvait, par défaut de surveillance, portée à l'excès, elle se ferait une trouée
dans cette plaque même, et tout danger disparaîtrait.

— Voilà une précaution admirable, dit Rosine,
et cela diminue un peu la frayeur que me font
les machines à vapeur.

— La seconde partie de cette bifurcation porte
un mécanisme d'un autre genre, mais visant au
même but : c'est la *soupape de sûreté,* que la pression de la vapeur peut faire soulever au besoin.

Passons au second tube, continua M. de Bouville ; là, il n'y a point de mécanisme, c'est tout simplement l'orifice par lequel on introduit l'eau dans la chaudière. La trappe qui vient ensuite s'appelle le *trou de l'homme;* c'est effectivement par là que se glisse l'homme qui est chargé du nettoyage de l'appareil. Enfin, un dernier tuyau sert d'issue à la vapeur utilisée, qui de là se précipite dans le corps de pompe pour faire mouvoir ce piston dont nous avons déjà parlé, et dont la fonction est de mettre en mouvement toute la machine.

— Et de vous faire faire dix, quinze ou vingt lieues à l'heure, interrompit M. B***. Mais, dans tout cela, mon ami, je ne devine pas encore quelle peut être la cause de ce bruit de tac, tac, qui signale de si loin l'approche d'un convoi.

— Ce bruit est dû à l'irruption violente, saccadée des jets de vapeur dans le corps de pompe.

— Combien cela doit-il dépenser de combustible? dit Eugène.

— On peut compter, répondit M. de Bouville, une consommation de sept litres d'eau pour un kilogramme de charbon de terre (sept cent quatre-vingts litres par heure). Une machine à haute pression, c'est-à-dire qui fonctionne à une température plus élevée que celle de l'eau bouillante à cent degrés, dépense trois kilogrammes de houille par heure, et celle à basse pression (au-dessous de deux atmosphères), en dépense quatre kilogrammes. Cette force peut être évaluée à celle d'un cheval.

— Ainsi, dit M. B‘**, une machine qui en fonctionnant consomme quarante kilogrammes de houille par heure, représente une force de dix chevaux.

— Précisément, de même qu'on appelle une force de cheval, ou un cheval-vapeur, la force qui peut en une seconde de temps élever à un mètre un poids de soixante-quinze kilogrammes: c'est l'*unité de force* des praticiens en mécanique, ou mieux en dynamique. »

M. de Bouville en était là de ses démonstrations scientifiques, quand trois beaux enfants (les deux fils et la fille de M. de Bouville) arrivèrent inopinément conduits par leur bonne.

« Il y a congé à la pension, papa, s'écrièrent-ils tout joyeux.

— Et en l'honneur de quel saint, s'il vous plaît? dit le père, qui, avouons-le, était plus enchanté de voir et d'embrasser ses enfants que contrarié de les voir perdre un jour de classe.

— C'est demain la fête du pays, la nativité de Notre-Dame, et comme il y a de grands préparatifs à.... »

Mais, au milieu de leurs explications, les enfants

aperçurent tout à coup des étrangers, ils s'arrêtèrent tout court.

« Allons, allons! dit M. de Bouville en souriant et en embrassant de nouveau ses trois petits anges, je vois que vos maîtres et vos maîtresses sont aussi pressés que vous de fêter Notre-Dame. Profitez, en ce cas, mes enfants, de cette heureuse circonstance pour faire connaissance avec ces bons petits voisins qui m'ont fait l'amitié de venir me demander une collation champêtre.

— Mais je n'ai nullement parlé de cela, interrompit vivement M. B***, et je me disposais même, mon ami, à prendre congé de vous, en vous remerciant bien sincèrement de votre gracieuse réception et de toutes les bonnes choses que nous avons apprises près de vous.

— Il ne vous est plus possible, ajouta l'excellent M. de Bouville, de nous quitter, car la séance serait incomplète ; voici nos enfants qui seront trop heureux de la continuer en donnant une *brillante représentation* de feux pyrrhiques, ombres chinoises, etc.

— Oh! quel bonheur! quel bonheur! s'écrièrent à la fois les six enfants ; des ombres chinoises ! un spectacle comme à Séraphin ! »

Puis d'un élan unanime, ils s'embrassèrent tous comme s'ils se connaissaient depuis longtemps.... Heureuse enfance ! pour qui la confiance et l'amitié sont du bonheur sans arrière-pensée !

« Vous le voyez, dit en riant M. de Bouville à son ami, nous ne sommes pas en majorité, il ne nous reste plus qu'à accepter notre défaite de bonne grâce.

— Je m'avoue vaincu et je cède, dit M. B***. Va donc pour les ombres chinoises et les feux pyrrhiques... Puis il ajouta tout bas, avec une expression de regret : Si Mme B*** et sa sœur étaient ici au moins ! »

CHAPITRE XX.

Nous ne parlons pas de la collation que M. de Bouville offrit à ses hôtes, bien qu'elle fût remarquable par la profusion des friandises ; car nos petits lecteurs sont impatients sans doute de voir la brillante représentation que devaient leur donner leurs nouveaux amis.

Toute la petite troupe joyeuse s'était précipitée à la porte de la salle qu'on venait de disposer pour le spectacle, quand l'excellent maître de la maison, ouvrant un petit salon qui était près de là, et s'adressant à M. B*** et à son fils :

« Allons, messieurs, leur dit-il, donnez donc la main à ces dames pour les conduire à leurs loges. »

Qui fut surpris, émerveillé, transporté, quand Mme B*** elle-même et sa sœur sortirent tout à coup en riant et vinrent prendre les mains de M. B*** et des enfants?

« Oh! quelle bonne, quelle heureuse surprise! » s'écria-t-on de toutes parts, et chacun remercia et fêta à l'envi l'aimable M. de Bouville.

C'était lui, en effet, qui pendant la collation avait envoyé sa voiture prendre ces dames afin que la fête et le plaisir fussent complets.

Après les mille caresses qu'on se fit de part et d'autre, on prit place enfin dans la salle de spectacle improvisée et brillamment illuminée.

Les enfants de M. de Bouville apportèrent d'abord un petit théâtre de deux pieds de long au plus, appelé la *Galerie perpétuelle*, joli jeu d'optique où l'on voyait, selon la décoration qu'on y mettait, des allées d'arbres à perte de vue, des colonnades, des vases, des personnages, dont la disposition méthodiquement combinée produisait un effet merveilleux.

En voici du reste l'explication pour les petits amateurs qui seraient tentés d'enrichir leur collection de ce joli joujou.

Une longue boîte suffit pour cet appareil d'optique. A l'extrémité antérieure, on applique contre la paroi une glace sur laquelle on trace un rond que l'on dépolit. C'est par là qu'on regarde. A droite, au fond, et dans toute la longueur, on colle également une glace, et, à des intervalles arbitraires, on passe par des rainures un ou deux châssis découpés, que l'on change, quand on veut, pour une nouvelle décoration ; puis, sur les faces latérales, dans toute la longueur de l'optique, on applique des dessins coloriés mobiles. Les glaces de chaque extrémité, se reflétant l'une dans l'autre, répètent à perte de vue les dessins des châssis, et il en résulte un effet de perspective admirable. La partie supérieure de ce petit théâtre n'a pour couvercle qu'une gaze transparente qui adoucit l'éclat du jour, ou, si c'est le soir, tempère les rayons d'une lampe à chapiteau.

Chacun des enfants s'approcha à son tour de l'objectif, et témoigna par des cris d'admiration sa surprise et son plaisir.

Bientôt le second acte commença.

M. de Bouville, qui avait un cabinet de physique assez bien monté, produisit, au moyen d'une forte pile électrique, des effets de lumière des plus curieux, et tellement éblouissants qu'on ne pouvait en soutenir la vue. Pour cela, il armait les deux fils conducteurs de la pile de deux charbons que le courant électrique enflammait et faisait rayonner à de grandes distances qu'on prolongeait encore au moyen d'un verre lenticulaire. Ce jet, ou plutôt cet arc électrique, ayant été dirigé

par une fenêtre, en lui opposant une forte lentille, alla éclairer les ailes d'un moulin à plus
d'un quart de lieue de là, comme aurait fait la
queue d'une comète.

« Mais ce procédé admirable, dit M. B***, ne
pourrait-il pas être utilisé au profit de l'éclairage
public?

— Je l'ai vu employé à Paris en 1852, lors de
l'achèvement du Louvre, pour éclairer de vastes
chantiers, et l'empereur de Russie vient, m'a-t-on
dit, de faire établir, sur la place principale de
Saint-Pétersbourg, un appareil électrique de ce
genre destiné à éclairer la ville et les environs. Il
doit remplacer mille becs de gaz et coûtera deux
cents francs par heure.

— C'est égal, dit Pierrot en se frottant les yeux,
c'est une invention diabolique; j'en suis borgne
des deux yeux. »

Lorsque M. de Bouville eut encore dirigé son jet
lumineux sur différents morceaux de métal qu'il
fit fondre comme du beurre sous l'apparence de
pluie diversement colorée, on annonça les tableaux magiques.

Bientôt, dans le fond de la salle, on vit un large
cadre s'illuminer tout à coup et représenter un
paysage des plus gracieux : les arbres étaient chargés de fleurs ou de fruits et verdoyants comme au
printemps; la terre était couverte de moissons

dorées, et les toits d'ardoise étincelaient sous les rayons d'un chaud soleil.... Puis, peu à peu, le feuillage disparut, le ciel s'assombrit, les arbres parurent couverts de givre et la terre d'une neige éblouissante : on se fût pris à grelotter en voyant ce triste et désolant aspect de l'hiver.

Un hourra d'admiration accueillit ce magique tableau qui, dans l'espace d'une minute, faisait voir deux saisons si différentes.

« Dieu ! que c'est beau ! s'écrièrent les enfants.

— Et dire que je vois tout cela, ajouta Pierrot, ivre de joie, sans avoir payé ma place. Ah ! comme je vais leur en conter demain à l'école.... mais, ajouta-t-il avec un superbe dédain, les malheureux ne me comprendront pas ! »

Un second tableau succéda à celui-ci : il représentait un site sauvage dans les montagnes ; les teintes ocrées de la pierre, le plâtre blanc des murs d'une fabrique, les eaux argentées qui roulaient d'une cascade se nuançaient des plus riches couleurs d'un beau coucher de soleil.... Mais, à la volonté du magicien qui était derrière la toile, la nuit se fit tout à coup, la lune brilla au ciel, les croisées des maisons s'illuminèrent et un feu de bûcherons dans un ravin rougit tous les environs et pétilla sous des milliers d'étincelles.

« Pour le coup, s'écria étourdiment Ernest, il il y a de la magie.

— Pas le moins du monde, dit M. de Bouville ; tout ceci consiste en une toile peinte et collée sur verre ; ces arbres verdoyants changés en frimas, ce jour qui devient nuit, enfin toutes ces méta- morphoses qui vous paraissent si étonnantes, sont le résultat de peintures faites avec des en- cres de sympathie que l'on fait évaporer en pro- menant un corps chaud à quelque distance, là, derrière le tableau. C'est mon Léon qui fait tout cela en tenant un charbon au bout d'une pincette, et je vous assure qu'il n'est pas sorcier.... Je ne serais pas fâché, ajouta-t il plus bas, qu'il le fût un peu davantage pour deviner plus habilement ses problèmes de géométrie. »

Léon, qui avait entendu une partie de cette ré- flexion, se hâta de crier : « Quatrième acte, les ombres chinoises ! ! ! »

Le même châssis qui avait servi aux tableaux magiques servit pour cette nouvelle représenta- tion; on n'eut à changer que les toiles.

Je ne m'étendrai pas longuement sur ce genre de spectacle ; car je ne pense pas qu'il y ait un seul de nos petits lecteurs qui ne connaisse les *ombres chinoises* ; ce serait leur faire injure que de supposer que, par leur travail et leur bonne con- duite, ils ne méritent pas quelquefois qu'on les conduise à Séraphin.

Je dirai seulement quelques mots du mécanisme de ce jeu si amusant. Il consiste en une gaze fine soigneusement tendue sur un cadre et vernie avec de la gomme copale; les peintures y sont appliquées ensuite très-légèrements pour ne rien ôter de la transparence de la toile; on emploie seulement des couleurs un peu gouacheuses pour les parties qui doivent être dans l'ombre, ou l'on se contente d'y coller un ou plusieurs doubles de cette même gaze, selon l'obscurité qu'on veut avoir. Pour les pantins et autres objets qui doivent servir d'acteurs dans les représentations, on les fait en carton, en articulant leurs membres avec des fils. Un petit morceau de bois tel qu'une allumette sert à les tenir à la main, et les fils de fer qui descendent de leur tête, de leurs bras et de leurs jambes, sont les mobiles qui leur donnent l'action et la vie.

Je ne dois pas omettre de dire qu'à chaque entr'acte de ce spectacle, M. de Bouville, qui avait pris son violon, et Eugène, à qui l'on avait prêté une flûte, jouaient des ouvertures de grand opéra; mais je vous assure qu'ils pouvaient attaquer les morceaux les plus difficiles sans crainte d'être sifflés; car, d'une part, les enfants en babillant, de l'autre le bienheureux Pierrot en gesticulant pour communiquer sa joie à ses voisins, faisaient un si bruyant accompagnement que les fausses notes pouvaient se produire sans gêne et sans crainte de censure.

Ce fut, après les ombres chinoises, le tour de de messire Polichinelle, le roi des marionnettes. Comme de coutume, il se conduisit en mauvais garnement, battant les passants, battant le commissaire, battant la garde ; mais enfin le diable vint et vous emporta mon drôle. Là-dessus la toile tomba.

Enfin on annonça le dernier acte et la voix du mécanicien en chef, Léon, proclama qu'on terminerait le spectacle par les *feux pyrrhiques*.

« Qu'est-ce que c'est que ça ? dit Pierrot qui fit la moue en entendant annoncer la clôture.

— C'est, reprit Léon d'un ton de fausset, ce qu'il y a de plus resplendissant, de plus éblouissant, de plus ravissant..., et les gens qui ne seront pas contents, on leur rendra leur argent en sortant.... »

Après cet exorde, le nouveau spectacle commença.

On éteignit les lumières. Alors on vit apparaî-. tre un palais magnifique, qui, semblable à ceux des *Mille et une Nuits*, resplendissait de diamants.

« Oh !... ah !... » ce furent les seuls monosyllabes qu'on entendit pousser dans toute la salle, tant l'admiration était grande, tant l'émotion était vive.

Puis la scène changea, les diamants firent place à des rubis, à des topazes, à des saphirs, à des

Polichinelle battait le commissaire.

émeraudes.... C'était à en fermer les yeux dans la crainte d'être ébloui.

Les spectateurs se croyaient dans le palais des fées.... Les yeux de Pierrot brillaient comme deux becs de gaz et sa bouche avait la dimension de celle d'un four ; le pauvre tournebroche en avait des vertiges de bonheur.

Ce fut par des cris de surprise et de ravissement qu'on accueillit ce dernier tableau.

« Grand Dieu ! s'écriait Pierrot, comme ces belles choses doivent coûter cher ! Faut avoir des millions pour bâtir d'aussi beaux palais.

— A nous, dit M. de Bouville en souriant, cela coûte quelques bandes de papier de diverses couleurs. Tout le secret consiste à les coller sur un châssis en forme de tambour, dans lequel on place une lampe ; puis, avec un emporte-pièce, on met à jour un dessin que l'on a tracé sur du papier noir ; et tout est dit.

— Mais comment se fait-il, objecta Ernest, que tous ces diamants semblent scintiller et changer dix fois de nuance en un instant ?

— Le tambour à bandes colorées est monté sur un pivot et placé derrière le dessin à jour ; on fait tourner ce pivot plus ou moins vite ; les diverses nuances du papier passent donc successivement à travers les mille petits trous du papier, de là ce scintillement qui vous a tant émerveillé.

On peut, si l'on veut, produire une illusion de plus : opposer à la lumière qui éclaire le tableau par derrière, un verre lenticulaire, que l'on recule ou qu'on avance ; par ce moyen les rosaces ou d'autres dessins en spirales qu'on met en scène, semblent se contourner, s'amoindrir ou grossir à la volonté de l'exécuteur. »

Après cette explication, Léon, élevant sa tête au-dessus du châssis, cria d'une voix flûtée : « Voilà, messieurs et dames, ce que nous avons eu l'honneur de vous représenter ; si vous êtes satisfaits, nous réclamons pour une autre fois la faveur de votre présence. »

Une salve d'applaudissements joyeux répondit à cette conclusion dans le style de Séraphin, et l'on se prépara enfin à partir, car la nuit était avancée.

Après des embrassades réitérées de part et d'autre, et de sincères remercîments à la bonne famille de Bouville, M. et Mme B***, Mme de Monterey et leurs enfants, bien installés dans une vaste tapissière, reprirent le chemin de leur maison, où l'on arriva tout en babillant de la bonne soirée qu'on venait de passer.

CHAPITRE XXI.

UNE BONNE NOUVELLE.

Baromètre.

Le lendemain de la visite à M. de Bouville, un domestique vint à l'issue du déjeuner, apporter, de la part de M. de Saint-Martin, un petit billet qui conviait toute la famille à assister, vers deux heures de l'après-midi, à l'enlèvement d'un ballon qu'il s'était amusé à construire lui-même.

« Quel bonheur! s'écria-t-on de toutes parts; un ballon!... Oh! midi n'arrivera jamais aujourd'hui !

— Le meilleur moyen d'abréger le temps, dit M. B***, c'est de se mettre tout de suite au travail et de s'y livrer de tout cœur.

— Il me semble, ajouta Pierrot tout bas, que ça

serait encore plus court si l'on donnait un bon coup de pouce à l'aiguille de la pendule. »

On ne suivit cependant pas ce dernier conseil ; et, ce jour-là, les thèmes, les versions et les narrations furent faits, et bien faits, même avant midi.

On commença longtemps avant l'heure les préparatifs de départ ; mais, au beau milieu de ces occupations, Pierrot arriva, avec une figure tout allongée, annoncer piteusement qu'un petit nuage noir s'élevait à l'horizon, et qu'il craignait bien que sa présence n'annonçât de la pluie.

A cette nouvelle, tous les fronts pâlirent.

« Voyons, voyons, dit Eugène ; consultons d'abord le baromètre avant de nous effrayer. »

Puis il alla donner quelques petits coups sur le baromètre de la salle à manger.

« Pierrot est un oiseau de mauvaise augure, ajouta-t-il ; le mercure remonte, nous aurons un temps magnifique.

— Mais, dit Ernest, que signifient donc ces expressions que j'entends continuellement répéter : le baromètre monte ou descend ? Qui est-ce qui fait donc ainsi jouer le mercure ?

— Ceci demande une petite explication, continua le jeune B***, et je vais tâcher de te faire comprendre le mécanisme de cet instrument. Nous avons déjà dit précédemment, je crois, que l'air est pesant ; mais il l'est plus ou moins.

— Il est sans doute *pesant*, dit Rosine (qui n'était pas non plus très-forte sur ce chapitre), quand l'air est chargé d'humidité, et *léger* quand le ciel est pur et sans nuage ?

— C'est tout le contraire, ma chère cousine, et tu vas t'en convaincre promptement. La vapeur n'est-elle pas plus légère que l'air ?

— Sans doute, puisqu'elle tend toujours à monter... Ah ! je comprends maintenant : lorsque l'air est mélangé de vapeurs humides plus légères que lui, sa masse en est allégée ; par conséquent, il doit être plus léger que lorsqu'il est pur.

— C'est tout naturel ; eh bien ! voici le mécanisme de ce baromètre à cadran : tout le système consiste en un tube recourbé, ouvert par le bout supérieur ; alors un petit poids obéissant à la pression de l'air sur...

— Ah ! je comprends aussi, moi, s'écria Ernest : lorsque l'air est léger, le mercure, dégagé de sa charge, remonte par l'extrémité d'en haut, et, par conséquent, descend par celle qui est coudée, et le petit poids qui flotte à sa surface, en remontant aussi, à l'aide du contre-poids qui lui fait équilibre, fait tourner la poulie à laquelle est fixée l'aiguille, et celle-ci va au *beau* ou au *très-sec*. Enfin, lorsque l'air devient lourd....

— *Lourd, léger*, interrompit Pierrot d'un petit ton goguenard, je crois que vous vous trompez tous les deux, permettez-moi de vous dire que l'air n'est jamais si lourd que lorsqu'il il y a de l'orage ; moi et Moustache nous ne pouvons pas nous remuer.

— C'est-à-dire objecta Eugène, qui s'interposa bien vite pour éviter une querelle, que la poitrine étant moins pressée, moins chargée qu'à l'ordinaire, la respiration devient précipitée, haletante. De là résulte la gêne que tu éprouves et qui te semble être une oppression. Du reste, les mêmes symptômes se manifestent lorsqu'on se trouve sur une haute montagne, quel que soit l'état de la température.

— Ah ! ça, c'est vrai ; je me rends.... Allons, décidément, monsieur Eugène, vous en savez plus que moi.

— C'est bien heureux que tu en conviennes, dit Rosine en riant.

— Ainsi, dit Ernest, l'air pèse partout et sur *tout*.

— Même sur ton corps ; car tu en portes habituellement trente-trois mille livres pesant environ.

— Excusez du peu ! s'écria Pierrot, plaignez-vous donc après cela de porter un fagot de la cave au grenier ; c'est un fétu de paille auprès de ces... Mais tout de même, ajouta-t-il tout bas, j'ai bien de la peine à y croire.

— Ah! monsieur est incrédule, dit Eugène, qui avait entendu le soliloque du petit paysan ; eh bien! je veux te donner la preuve de ce que je dis. Fais-moi le plaisir d'aller nous chercher là-haut, dans la caisse des instruments de physique d'Eugène, un bocal où tu trouveras un petit pantin.... et tu verras.

— Un pantin? oh! j'y cours, » fit Pierrot.

Il revint bientôt avec cet appareil, nommé *ludion*.

Le vase était rempli d'eau presque entièrement, et le pantin flottait à la surface, attaché à une petite boule de verre mince, ouverte en haut par un tout petit trou. Eugène, en passant son doigt sur le parchemin qui fermait le bocal, faisait descendre le pantin ; quand il retirait son doigt, le pantin remontait.

Pierrot cria au miracle.

« Rien n'est pourtant plus simple que ce jeu, dit le jeune professeur. En comprimant ce parchemin, je force l'air à entrer dans la boule, qui s'alourdit ; mais, si j'ôte mon doigt, l'air ne pressant plus sur l'eau, la boule et le pantin remontent ; car l'air, comprimé dans la boule, reprend son ressort en en chassant l'eau, et rend le tout aussi léger qu'auparavant.... As-tu bien suivi ma démonstration, Pierrot?

— Pas beaucoup ; mais, en tout cas, j'ai bien

suivi le petit bonhomme qui gigotait admirablement.

— Allons, allons, messieurs les savants, dirent tout à coup Mme B*** et sa sœur, qui étaient en toilettes ; assez de théorie comme cela : il est temps d'aller la voir mettre en pratique chez notre excellent voisin. La voiture est prête ; allez bien vite chercher vos chapeaux, et partons. »

A ces mots, toute la petite bande joyeuse se disség mina de tous côtés, et en quelques minutes tout le monde était prêt et en voiture.

Cependant Pierrot seul ne paraissait pas.

« Où donc est ce petit furet ? dit M. B***.

— Je l'ai vu descendre à la cave, dit Ernest.

— Mais non, ajouta Rosine, le voilà qui grimpe au grenier avec un bâton. Contre qui a-t-il donc l'air si en colère ? »

Pierrot parut enfin, tout rouge encore des vingt tours qu'il venait de faire.

« Ah ! maudite bête, dit en grommelant le petit paysan : ah ! tu m'as rongé le manche de mon gigot pendant que je causais.... Voilà au moins le dixième tour de cette façon que tu me joues ; n'aie pas peur, va, je te réserve une bonne leçon. »

Puis, sans adresser la parole à personne, il sauta lestement à côté du cocher en cachant sous son bel habit marron un panier couvert.

Nous saurons plus tard ce que cachait ce mystère.

CHAPITRE XXII.

Départ d'un chat pour la lune. — Aérostats et parachutes.

On arriva promptement chez M. de Saint-Martin, que l'on trouva dans son jardin entouré d'une nombreuse société, et s'occupant à mettre en ordre tous les appareils qui devaient servir à l'ascension promise. Un beau ballon, en taffetas enduit d'une couche de caoutchouc liquide, était attaché à une corde passée transversalement d'un arbre à l'autre, et, attendu qu'aucun des invités, pas même Pierrot, n'avait envie de s'enlever ce jour-là, on avait appendu à l'extrémité inférieure de l'aérostat, en guise de nacelle, une très-gracieuse corbeille de fleurs convenablement lestée avec du sable. Des appareils à gaz étaient alentour ; ils consistaient en deux tonneaux hermétiquement fermés, et communiquant cependant l'un avec l'autre par des tubes de fer blanc, lesquels, réunis par une branche commune, devaient aller porter le gaz dans l'intérieur du ballon.

On commença donc à emplir d'eau ces tonneaux jusqu'à la moitié à peu près, puis on versa une notable quantité d'acide sulfurique et enfin de la tournure (ou copeaux) de fer.

Bientôt un violent bouillonnement se fit entendre, le gaz hydrogène se forma et alla dérider l'enveloppe du ballon.

Pendant que l'aérostat se gonflait (opération encore assez longue), M. de Saint-Martin, pour faire prendre patience à ses nombreux assistants et surtout pour amuser les enfants, leur fit voir quelques dessins d'aérostats.

« Voici, dit-il, la forme du premier ballon que Montgolfier, d'Annonay, imagina en 1783. (Ce ballon, d'après le dessin, représentait assez bien la figure d'une poire renversée dont on aurait coupé le tiers à partir de la queue.) Il l'avait tout simplement construit en toile doublée de papier ; mais, comme alors on n'avait pas inventé, ou du moins utilisé le gaz hydrogène, il pensa qu'en raréfiant par la chaleur (c'est-à-dire en rendant plus léger) l'air de l'intérieur de ce ballon, il l'obligerait à s'élever comme fait la fumée, comme font les nuages. Il attacha, en conséquence, sous l'orifice béant de l'aérostat, une sorte de réchaud, à distance convenable toutefois, et il alluma de la paille ou de la laine : le résultat répondit en effet à la tentative, et sa machine, allégée ainsi de l'air dense qu'elle contenait, monta majestueusement, et aux acclamations de la foule émerveillée, jusqu'à près de quatre cents mètres de hauteur.

« Dans.la même année, le hardi Pilastre des Rosiers osa se confier à la nacelle d'un ballon de ce genre, et du Champ de Mars, à Paris, alla descendre au delà des Champs-Élysées.

—Mais, dit Ernest, il me semble que nous pourrions faire à peu près la même chose avec un tout petit ballon.

— J'avais prévu votre objection et votre désir, ajouta le bon M. de Saint-Martin, et je vais vous faire voir immédiatement ce jeu très-récréatif et fort peu dispendieux. Voici un petit ballon miniature en baudruche (pellicule des intestins de veau) tel qu'on en vend chez les marchands de jouets. Laissons sa base ouverte, et suspendons, à deux ou trois décimètres, un petit plateau sur lequel nous mettrons cette éponge abondamment imprégnée d'éther; vous allez voir qu'en mettant le feu à l'éther, notre ballon ne va pas tarder à s'envoler, »

L'expérience fut faite comme l'avait indiqué le professeur, et le petit aérostat monta bien au-dessus des arbres et ne retomba que lorsque toute la vapeur dont il s'était rempli fut évaporée.

Ernest et Rosine se promirent bien de répéter cette jolie expérience lorsqu'ils seraient de retour.

« Je vais vous indiquer, dit M. de Saint-Martin, une autre expérience plus jolie encore, et que vous pourriez faire dans votre chambre même. »

A ces mots tout le monde s'approcha.

« Il faut pour cela laver préalablement le gaz.

— Comment, laver du gaz! s'écria-t-on, mais cela est impossible!

— Pas le moins du monde, reprit le vieux professeur. Il ne faut qu'un peu de précaution et de patience pour y arriver. Faites d'abord du gaz hydrogène par le procédé ordinaire, c'est-à-dire en versant dans une bouteille à demi pleine d'eau un peu d'acide sufurique, en y jetant ensuite quelques minces copeaux de fer, ou simplement de la limaille, puis adaptez à l'orifice de la bouteille un petit tuyau recourbé dont l'autre extrémité ira plonger dans une terrine pleine d'eau. Cette terrine sera recouverte elle-même d'un couvercle assez soigneusement fixé pour que le gaz, qui arrive par votre tuyau au fond de l'eau et qui en ressort bientôt à la surface sous forme de petits globules, ne puisse s'évaporer que par un autre petit tube, par exemple un tuyau de pipe dans ce couvercle. C'est à ce tuyau (par où s'échappe le gaz ainsi *lavé*) que vous appliquez l'ouverture de votre ballon, qui, une fois rempli de cette vapeur épurée, s'enlèvera de lui-même, et ira se fixer au plafond de votre chambre ; mais, si vous le laissez avec un petit poids, il restera flottant au milieu de l'appartement.

— Oh ! mais c'est merveilleux ! dirent les enfants. A demain ! à demain pour essayer tout cela. »

Mais, pendant cette récréation, le grand ballon s'était enflé et rempli aux trois quarts.

« Coupez les cordes ! s'écria M. de Saint-Martin ; et saluons, ajouta-t-il en riant et en ôtant son chapeau, le départ de ce potentat qui va prendre possession de l'empyrée.

— Mais, monsieur, lui dirent plusieurs personnes de la société, il n'est pas tout à fait gonflé.

— Ne vous en inquiétez pas, répliqua le savant professeur, quand il aura atteint certaines régions où l'air sera plus léger, le gaz se trouvant plus à l'aise, saura bien se dilater et s'étendre de manière à remplir entièrement le ballon. Coupez les cordes ! répéta-t-il encore ; et toi, Pierrot, retire-toi donc de là-dessous : aurais-tu envie de te faire enlever, comme tu dis, jusque dans le royaume de la lune ?

— Pas si bête, dit le petit tournebroche, qui

s'était glissé effectivement sous l'aérostat, et qui y attachait on ne sait quoi. A présent, reprit Pierrot en se redressant fièrement, votre ballon peut aller dire de mes nouvelles au soleil et à la lune; je suis vengé, et Rouget va savoir ce qu'il en cuit de ronger des manches de gigot. »

L'énorme machine s'éleva alors avec rapidité, à la grande admiration de tous les spectateurs; mais quelle ne fut pas leur suprise et leur hilarité quand on vit sous la corbeille se balancer avec d'effroyables contorsions le malheureux Rouget, le chat de la cuisine, sur lequel le rancunier tournebroche se vengeait de son péché de gourmandise; et pour surcroît, le petit paysan avait attaché sur le dos de la pauvre bête un énorme polichinelle.

« Oh! quelle drôle d'idée! s'écrièrent les enfants.

— Oh! le méchant Pierrot! dit Rosine presque pleurant, quand reverrai-je maintenant mon pauvre Rouget? »

Hâtons-nous de dire que, deux heures après cette ascension, le ballon fut retrouvé à une lieue et demie de là, très-peu endommagé. Rouget n'était pas mort, mais il était bien malade, il faut en convenir. Quant au polichinelle, il avait la tête de moins et ses deux bosses renfoncées.

On quitta enfin la maison de M. de Saint-Martin,

non sans avoir fait honneur à une ample collation ;
puis on se remit gaiement en route.

Le reste de la journée fut employé à causer de
ce qu'on venait de voir et d'apprendre.

Enfin chacun alla se coucher avec les doux souvenirs de cette journée.

Au point du jour, Eugène proposa de commencer les expériences par les *parachutes.*

On se rendit à cet avis, et l'on procéda tout de
suite à ces essais. Les enfants firent d'abord de petites expériences avec des mouchoirs, des foulards,
voire même des ombrelles.

Tous ces essais réussirent plus ou moins bien ;
on jetait ces petits parachutes du haut de la terrasse de la maison ; mais rarement ils tombaient
droit. Eugène fit remarquer que, si l'on faisait un
petit trou au sommet de la partie convexe du parachute, il passerait par là une petite colonne d'air
qui soutiendrait l'appareil et rétablirait la direction verticale.

« Du reste, dit-il, allons sur la terrasse, et nous
verrons bien si nous arrivons à quelque résultat
satisfaisant. »

La carcasse du grand parachute en question fut
faite avec de forts cerceaux, et le corps principal
avec une ancienne couverture en soie d'un édredon mis à la réforme.

Lorsqu'il fut terminé, on convint d'y attacher

pour lest un panier rempli de tuileaux, qu'Eugène et Ernest se chargèrent d'aller chercher dans un grenier non loin de là, où l'on savait en trouver un amas. Pierrot fut laissé au bord de la terrasse pour veiller au parachute, que le vent tourmentait déjà.

Rosine, qui était descendue pour mieux jouir de l'effet de l'expérience, jouait en ce moment avec Moustache, quand un énorme bouledogue, qui passa par hasard contre la grille, se précipita tout à coup sur le chien; et, le terrassant sous ses énormes pattes, se mit à le mordre à belles dents. La jeune fille poussa des cris de frayeur ; mais cependant, ne voulant pas abandonner la pauvre bête, elle alla s'emparer d'un bâton, et en frappa à coups redoublés l'agresseur. Le bouledogue alors, furieux de cette attaque subite, quitta bientôt son adversaire vaincu pour se jeter sur Rosine elle-même qu'il renversa.

Qu'on juge dans quelle perplexité se trouva Pierrot, qui, tenant ce parachute que le vent menaçait d'enlever, n'osait le quitter, et voyait d'ailleurs qu'il ne pourrait pas arriver assez à temps, en descendant trois étages, pour secourir la pauvre petite.

Alors, ne calculant ni le danger ni les conséquences d'une chute aussi épouvantable, le courageux Pierrot, que son dévouement seul inspi-

rait, saisit d'une main vigoureuse les cordes de
son parachute, et s'élança dans l'espace.

Dieu, dont la justice et la bonté ne peuvent jamais faire défaut aux bons cœurs, soutint sans
doute l'intrépide aéronaute; car la machine, bien

construite du reste, descendit, soutenue dans l'air; mais toutefois, entraînée par un poids hors de proportion, elle tomba bien plus vite qu'il n'aurait fallu.

Cependant, par un hasard providentiel, Pierrot (qui n'était pas léger, je vous assure) vint s'abattre sur le dos même du bouledogue, tel qu'un épervier sur un faible pigeon. Ce fut alors au tour de l'énorme chien à crier, à hurler d'une façon lamentable, et, lorsque toute la maison fut accourue à ces bruits effrayants, on trouva le petit paysan étendu sans connaissance sur le corps du bouledogue, qui étouffait.

Quelques minutes après, Pierrot était doucement posé sur un lit, ayant toute la famille autour de lui, et surtout Rosine, qui sanglotait en pleurant à chaudes larmes et répétait sans cesse :

« Mon petit Pierrot, pardonne-moi, je t'en prie, de t'avoir boudé.

— Je.... le veux bien, répondit le blessé d'une voix faible, mais vous aussi, pardonnez-moi.... le chat.... et dites-lui bien que dorénavant je l'aimerai presque autant que Moustache.... malgré ces trois manches de gigot.... vous savez ?... »

Nous nous hâterons d'ajouter que l'accident du bon petit paysan n'eut aucune suite fâcheuse ; il fut d'ailleurs si bien soigné par toute la famille, que son malaise ne tarda pas à se dissiper. Cet acte de dévouement ne fit, comme on le pense bien, qu'augmenter encore toute l'affection qu'on avait pour lui, et dès lors il fut regardé tout à fait comme un ami par M. B*** et ses deux dames, et comme un frère par les enfants.

CHAPITRE XXIII

CONVALESCENCE DE PIERROT ET DE ROUGET.

Acoustique, vitesse du son, gamme naturelle, écho,
ventriloquie.

L'accident arrivé à Pierrot n'eut, comme nous
l'avons dit, aucune suite fâcheuse, et le bon petit
frère de lait d'Ernest en fut quitte pour une forte
courbature et quelques contusions insignifiantes.
Cependant, comme on voulut le choyer un peu,
on exigea qu'il se tînt tout ce jour encore sur un
lit qu'on avait improvisé dans la chambre d'Ernest. Ce fut donc là que les enfants vinrent passer leur récréation. Pierrot n'avait du reste con-
senti à s'étendre aussi paresseusement sur un
doux lit de plume qu'à la condition qu'on mettrait à ses pieds son compagnon d'infortune Rouget, attention délicate à laquelle Rosine fut fort

sensible. Disons toutefois que Raminagrobis, qui
ne fit aucune façon pour aller faire son ron-ron
sur un bon oreiller, aurait pu à la rigueur reprendre sa chasse aux souris, car il se portait
tout à fait bien.

Les deux malades, Pierrot et le chat, devaient,
il est vrai, éprouver l'un pour l'autre une véritable sympathie, car ils étaient écloppés pour la
même cause : l'un pour être tombé d'un ballon,
l'autre d'un parachute.

Après les devoirs terminés, on proposa divers
jeux, que l'on rejeta successivement, personne
n'étant réellement en humeur de rire ni de jouer.

En désespoir de cause, Eugène alla chercher son
violon, et joua quelques airs que Rosine accom-
pagna de sa voix douce et fraîche.

« Je te fais compliment de tes progrès en musique vocale, dit le jeune homme à sa cousine : ta
voix a acquis beaucoup de justesse et de grâce.

— Je te remercie de ton aimable remarque, lui
dit-elle; mais tu dois remarquer que cette salle
est si petite, que ma voix en paraît toute chevro-
tante comme celle d'une bonne femme de quatre-
vingts ans.

— Ton excuse, reprit Eugène, se ressent trop
de ta modestie; cependant j'en profiterai pour poser aujourd'hui notre programme de physique
sur le terrain de l'*acoustique*.

— Oh ! quel drôle de mot, dit Pierrot en fermant les yeux ; il me fait joliment l'effet de la potion calmante qu'on m'a fait avaler tout à l'heure.

— Nous tâcherons, repartit le jeune B***, de te rendre celle-ci moins amère ; du reste, tu es dans la meilleure condition possible pour prendre ton parti : tu te consulteras là-dessus avec ton oreiller. L'acoustique, continua-t-il, est la science des sons.

— Y a-t-il, interrompit Ernest, une différence entre le *bruit* et le *son ?*

— Certainement. On donne le nom de *son* à tout ce qui est produit par des vibrations successives, et le *bruit* est un choc mat, comme celui de ce livre que je laisse tomber à terre.

— Le son va moins vite que la lumière, sans doute ? demanda Ernest.

— Voici la réponse à ta question, lui répondit son frère en lui montrant un cantonnier qui, à une assez grande distance de là, cassait des cailloux avec une masse de fer ; tu vois que son marteau te semble frapper la pierre avant que ton oreille perçoive le bruit du choc.

— C'est vrai ; du reste, je me rappelle avoir vu tirer le canon au Champ de Mars, et, comme je me trouvais à un quart de lieue de là, j'apercevais la lumière bien avant d'entendre le coup.

— Quelle est donc la vitesse du son ?

— Il parcourt trois cent trente-sept mètres par seconde, répondit le jeune professeur.

— Eh ! mais, dit Ernest après un court instant de réflexion, je pense à une chose.... Ne pourrait-on pas savoir alors à quelle distance est le tonnerre par un temps d'orage ?

— Certainement ; tu n'as qu'à remarquer le nombre de secondes qui se passent entre l'éclair et le coup, puis multiplier ce nombre par trois cent trente-sept mètres.

— Il n'y a qu'une petite difficulté, ajouta le petit collégien ; c'est que je n'ai pas de montre à secondes... pas même à minutes.

— Il est possible d'y suppléer ; tu n'as qu'à compter les battements de ton pouls, qui, en bonne santé, donne à peu près soixante battements par minute.

— Le son se produit-il ailleurs que dans l'air ? demanda Ernest.

— Sans doute, car on pourrait entendre parfaitement un plongeur qui frapperait l'un contre l'autre deux cailloux au fond de l'eau. Je conviens toutefois que l'air est le principal véhicule du son, et que, là où l'air manque ou se raréfie, le son s'éteint ; ainsi, au sommet du mont Blanc, en Savoie, un coup de pistolet fait à peine le bruit d'un pétard.

— Comment se fait-il donc, demanda Rosine, qu'un son, même assez faible, parti de loin, arrive non-seulement jusqu'à nous, mais soit entendu également dans toutes les directions environnantes ?

— Ce phénomène est produit par l'ébranlement de la masse d'air dans laquelle le son a résonné ; les couches d'air se renvoient de proche en proche la commotion primitive. Ainsi, lorsque cet ébranlement a lieu en ligne directe, comme il y a moins de déperdition, le son va beaucoup plus loin. M. Biot fit, dit-on, jouer un air de flûte à l'orifice d'un tuyau de conduite souterrain qui avait un quart de lieue, et une personne placée à l'autre extrémité en entendit parfaitement le son ; c'est d'après ces données qu'est construit le porte-voix qui se fait entendre de si loin en mer, et même le *cornet acoutisque* dont se servent les personnes sourdes.

— Maman a fait établir dans sa chambre, dit Rosine, un système de cordons creux en caoutchouc qui vont à l'antichambre ou à la cuisine ; il lui suffit alors de prononcer quelques mots pour être entendue de la femme de chambre ou de la cuisinière ; j'en comprends maintenant le mécanisme.

— Mais, objecta Pierrot, pourquoi donc, quand je fais claquer mon fouet, cela fait-il tant de tapage, tandis que c'est si gentil quand M. Eugène souffle dans sa flûte ?

— Tout cela provient, dit ce dernier, de la manière ou brusque ou faible dont on heurte les molécules de l'air ; il y a dissonance dans le premier cas, harmonie dans le second ; mais la cause est toujours la même. Pierrot produit une sorte de déchirement de l'air ; moi, je module des gammes....

— Oh ! je t'arrête tout court ici, interrompit le collégien ; car, si tu entames le chapitre des gammes et de la musique, je cesserai de te comprendre, je n'en connais pas une note.

— Tu raisonnes absolument, repartit son frère d'un ton demi-sérieux, comme ce petit enfant qui disait à sa mère : « Mais puisque je ne sais ni lire ni écrire, ce n'est pas la peine que j'aille à l'école. »

— C'est vrai, mon frère, j'avoue que je devrais chercher à sortir de mon ignorance plutôt que de m'y complaire ; eh bien ! je te demanderai alors moi-même ce que c'est qu'une gamme. Je me rappelle bien t'en avoir entendu souvent faire sur ton piano ; mais je ne sais comment on reconnaît que tel ou tel son s'appelle un *ut*, un *ré* ou un *fa*.

— Tu vas comprendre à l'instant même.

— Veux-tu, mon cousin, interrompit Rosine, que j'aille chercher un solfége ?

— C'est inutile, Ernest n'y entendrait rien. Du reste, ceci sortirait tout à fait de notre programme de physique. Tiens, continua le jeune B***, voici justement une corde à boyau que je vais tendre avec force sur cette caisse de sapin pour obtenir plus de sonorité ; puis je vais t'expliquer comment j'obtiendrai une octave, c'est-à-dire les huit sons nommés : *ut* ou *do, ré, mi, fa, sol, la, si, ut*. En pinçant la corde dans toute sa longueur et en lâchant brusquement, je lui fais rendre un son que nous appellerons *ut :* ce sera la note la plus grave de l'octave. Si je la reprends aux huit neuvièmes, en appuyant un doigt sur un chevalet que je glisse à ce point et en pinçant le reste de la corde, j'obtiendrai le *ré*, son déjà un peu moins grave (ce point où je mets le chevalet forme un *nœud*, c'est-à-dire un point qui ne vibre ni ne sonne). Enfin, pour avoir le *mi*, je n'en pincerai que les quatre cinquièmes ; pour le *fa*, les trois quarts ; pour le *sol*, les deux tiers ; pour le *la*, les trois cinquièmes ; pour le *si*, les huit quinzièmes, ou, si tu aimes mieux, je ferai glisser le chevalet à chacune de ces distances pour ne laisser vibrer que la partie voulue. Enfin je recommencerai une seconde octave, en prenant pour *ut* toute la moitié de la longueur de cette corde, et en observant pour cette nouvelle gamme les mêmes rapports que pour la première.

— Je crois, dit Ernest, avoir parfaitement saisi ces premiers éléments de musique, et je suis bien aise maintenant de savoir qu'il y a une loi expresse pour former les gammes ; mais je pense à une chose que je crois pouvoir déjà expliquer moi-même : plus la corde qui vibre est raccourcie par ces nœuds successifs, plus les vibrations, sans doute, doivent être rapides et nombreuses.

— Certainement, et c'est cette accélération même qui rend le son des dernières notes de plus en plus aigu ; du reste, les vibrations croissent dans la même proportion que les nœuds s'avancent.

— Quel est donc, demanda Rosine, le son le plus grave qu'on ait obtenu jusqu'à présent sur un instrument ?

— C'est l'*ut*, de l'orgue, qui n'a que seize vibrations par seconde. La voix la plus grave de l'homme en donne quatre-vingt-seize, et la plus aiguë chez la femme huit cent cinquante-trois [1].

— Est-il vrai, dit Ernest, que deux cordes à l'unisson ou deux membranes tendues, telles que la peau d'un tambour, résonnent en même temps, bien qu'on n'en touche qu'une?

— Voici ma réponse à cette question, repartit

---

1. Nous avons entendu dernièrement, chez l'habile et savant M. Marloye, fabricant d'instruments d'acoustique et membre du jury d'exposition, un diapason qui donnait un son de 65 536 vibrations par seconde.

Eugène. J'ai encore là, dans cette armoire, ton tambour de l'année dernière et celui de Pierrot; vois, je mets de la poudre sur l'un d'eux et je vais frapper sur l'autre. »

En disant cela, le jeune professeur exécuta de toute la force de ses poignets un vigoureux roulement sur une des caisses.

A cet infernal tapage, Pierrot, que les calculs sur les vibrations avaient endormi comme un bienheureux, se réveilla en sursaut, et, ne sachant plus où il était, se mit à crier comme un possédé.

Eugène, qui ne s'était pas aperçu de l'assoupissement du malade, s'excusa de l'avoir réveillé.

L'expérience toutefois avait fort bien réussi, car, à chaque coup de baguette, on voyait effectivement la poussière de l'autre tambour sauter d'elle-même et former des lignes concentriques.

« Les surfaces planes, continua Eugène, répercutent aussi le son d'une manière remarquable.

— De là les échos, objecta Rosine.

— Et les dissonances, reprit son cousin. L'écho est un son qui, parti d'un point, se prolonge en ondulations jusqu'à une surface qui le renvoie à son point de départ; et la dissonance, c'est le choc de sons qui ne se marient pas ensemble et qui affectent désagréablement l'oreille. Ainsi, dans une salle où parle un orateur, si sa voix se répète franchement, il y a un écho; si les sons se

brouillent confusément, il y a dissonance. Pour
remédier à ce double inconvénient, on tend alors
la salle de tapisseries qui corrigent cette réper-
cussion vicieuse. On cite des échos d'un effet bien
étonnant. Il y en a un, près de Nancy, qui répète
un vers tout entier ; un autre à Woodstock en
Angleterre, qui redit jusqu'à vingt syllabes de
suite. Il y a plus : je me rappelle, lors de mon
voyage en Suisse, l'année dernière, avec mon oncle, avoir lancé une pierre de moyenne grosseur
dans un immense ravin formé par de gigantesques glaciers. Eh bien ! cette pierre, tombant de
gradin en gradin, réveilla progressivement les
échos du précipice et ébranla l'air au point que
des masses de neige, et par suite des avalanches
entières, roulèrent avec un bruit de tonnerre jusque dans les profondeurs de ce vrai trou d'enfer.

— Avant de terminer ces instructions sur l'a-
coustique, dit Rosine, je voudrais bien savoir si
ce fameux Robert Houdin, qui dit posséder la seconde vue, lui et son fils, ne nous trompe pas un
peu, et n'est pas tout bonnement ventriloque ?

— Pardon, ma cousine, si je t'interromps ; mais
puisque tu as parlé de ventriloque, je serais bien
désireux d'être un peu renseigné sur cette science
qui consiste à faire croire que les paroles qu'on
prononce soi-même sont dites par une personne
qui se trouve bien loin de là.

— Je suppose, répondit Eugène, que les ventri-
loques contractent ou rapetissent la cavité de leur
poitrine dont ils raréfient l'air, et donnent aux

ons qui en sortent cette intonation caverneuse
s lointaine et affaiblie, qui produit ces illusions
parfois surprenantes.

— C'est donc ainsi que procède Robert Houdin ?

reprit Rosine ; et lorsqu'il est au milieu de sa salle, son fils ayant le dos tourné au théâtre et les yeux bandés et qu'il lui demande, en touchant la montre, la bourse ou le portefeuille d'un spectateur : « Que tiens-je là ? » c'est sans doute Robert Houdin lui-même qui, faisant le ventriloque, donne la réponse ?

— Je ne le pense pas, et je crois même être certain que c'est bien son fils qui lui répond.

— Ce jeune homme a donc le don de seconde vue ?

— Encore moins. Tout le secret consiste dans le nombre de syllabes ou dans certains mots de convention dont le père accompagne chaque question ; ainsi : *Que tiens-je là ?* veut dire sans doute : ou *montre*, ou *clef*, ou *chapeau*. — *Quel est l'objet que me présente monsieur ?* signifie peut-être encore ou *portefeuille*, ou *argent*, ou *parapluie*.

— Comme cela, cette merveilleuse habileté réside tout simplement dans un exercice de mémoire qu'ils ont répété l'un et l'autre dans la coulisse ?

— Si je ne me trompe, c'est là le fin mot.

— Alors Robert Houdin n'est pas un sorcier ? exclama Pierrot d'un ton qui toutefois exprimait encore le doute.

— Non, certes ; c'est, je pense, un bon chrétien, et, de plus, un fort habile homme. »

CHAPITRE XXIV.

COURAGE DE PIERROT, QUI CONSENT A VOIR LE DIABLE.

Optique : Réfraction de la lumière. — Arc-en-ciel.
Structure de l'œil.

Notre bon petit Pierrot, quoique faible encore
des suites de sa chute, était à peu près guéri, et
Rouget se tenait fort bien sur ses quatre pattes;
bref, les deux malades ne donnaient plus d'inquiétude sérieuse; cependant on dut ajourner une
nouvelle partie qui devait se faire chez M. de Saint-
Martin; car le temps des vacances était presque
écoulé, et le bon professeur voulait faire ses adieux
à ses aimables petits voisins par une solennité
scientifique et récréative qui laissât surtout au
petit Ernest un agréable souvenir des études pré-
paratoires qu'il avait faites avec tant de zèle sur
la physique.

On se décida donc à passer cette journée à la maison. Les enfants allèrent s'installer dans leur salle de verdure favorite, au fond du jardin.

« Qu'avons-nous à étudier? dit Ernest à son frère aîné ; car je pense que nous n'avons pas passé en revue toute la physique.

— Nous approchons grandement de la fin, répondit celui-ci, il nous reste encore la lumière, l'électricité et le magnétisme; mais, comme M. de Saint-Martin m'a fait dire qu'il se chargeait des deux dernières leçons, nous allons, si tu veux, causer un peu de la *lumière*.

— Bien volontiers. Et, dis-moi d'abord, la lumière doit être proche parente du soleil, je pense?

— En tout cas, dit le petit bavard de Pierrot, les chandelles ne doivent être que ses arrière-petites cousines.

— Effectivement, ce n'est plus une parenté en ligne directe; toutefois, nous en dirons un mot. Commençons toujours par la lumière proprement dite. Elle émane, en effet, du soleil : celle même que nous recevons de la lune et des étoiles n'en est que la pâle réflexion. C'est, comme tu as dû le remarquer, continua le jeune professeur, la lumière qui colore les fleurs, les arbres, les fruits....

— Ah ! ça, c'est vrai, interrompit encore le petit paysan ; car, lorsque le jardinier veut faire blanchir son céleri, il le met à l'ombre dans la cave, où il l'enterre jusqu'aux feuilles; et puis la *couche* d'un melon, qui ne regarde jamais le soleil, est toujours le côté le plus pâle.... et le moins bon.

— Il en est de même des mains de Pierrot, ajouta Ernest en riant ; car, depuis qu'elles sont cachées dans son lit, elles ont considérablement blanchi.

— C'est bon, monsieur le mauvais plaisant, fit le petit tournebroche avec une certaine moue.

— Nous avons vu, dit Rosine, que le son parcourt 337 mètres par seconde; mais la lumière doit se propager bien plus rapidement encore.

— Sa vitesse, répondit Eugène, est vraiment incroyable : elle est de soixante-deux mille quarante lieues par seconde; ainsi elle ferait en une heure le chemin qu'un boulet de canon mettrait cent ans à parcourir.

— Mais pourquoi le soleil est-il plus brillant et plus chaud à midi que le matin à son lever ?

— Parce que ses rayons, nous arrivant horizontalement le matin, ont à percer toutes les émanations terrestres, qui s'élèvent du sol, au lieu qu'au cœur de la journée ils traversent un milieu bien plus pur et plus raréfié.

— Ce qui m'a paru toujours merveilleux, dit Ernest, c'est cette faculté qu'a le verre de réfléchir la lumière, comme nos miroirs, nos glaces, etc.

— Ce n'est cependant pas le verre qui fait cet office dans les miroirs, reprit son frère, mais bien la surface polie, le mercure, en un mot, qu'on a appliqué derrière.

— C'est pourtant vrai, dit Rosine ; car on ne se voit pas du tout dans un carreau de vitre.

— Il me semble, ajouta Ernest, que l'objet représenté dans la glace est toujours un peu moins éclairé qu'il ne l'est naturellement.

— Effectivement, dit Eugène, la lumière y est affaiblie de moitié, et dans l'eau encore un peu plus. C'est pour cette raison que, lorsque dans un salon il y a deux glaces en face l'une de l'autre, la réflexion des objets intermédiaires, quoique infiniment prolongée, finit par s'obscurcir et s'éteindre. Mais, tenez, approchons-nous de ce bassin ; je vais vous faire connaître une autre propriété de la réflexion qu'on nomme, en ce cas, *réfraction*. Voyez ce bâton que je plonge dans l'eau un peu en biais ; ne vous semble-t-il pas brisé à partir du point où il entre dans le bassin ? Cette brisure apparente, qui n'est qu'une illusion d'optique, est due à la déviation des rayons lumineux dans l'air ou dans l'eau, qui sont de densité différente.

— Cela me rappelle, dit Rosine, une petite

expérience bien simple et bien facile à faire, et....

— Oh ! je suis pour les expériences ! s'écria Pierrot ! j'aime mieux cela que les chiffres.

— Eh bien ! à nous deux, continua la jeune fille. Tiens, voici sur cette chaise, en face de toi, une tasse dans laquelle je mets une pièce de un franc.

— Je vois bien la tasse, dit le petit paysan, mais je ne vois pas la pièce.

— Ne bouge pas, et je vais te la faire voir. »

Rosine alors versa de l'eau dans la tasse jusqu'au bord, et bientôt l'image de la pièce apparut à la surface.

« Par ma fine ! s'écria le petit paysan, c'est bien cela qu'on devrait appeler la seconde vue, car je vois quelque chose, et, au résumé, je ne vois rien.

— Puisque nous sommes en train de gâter Pierrot par des expériences, dit Eugène, j'en propose une des plus curieuses et des plus jolies. »

A ces mots, tout le monde battit des mains.

« D'abord, pour en augmenter le charme par le plaisir de la surprise; et pour jouer, moi, mon métier de magicien bien en conscience, je demanderai à notre malade de se laisser bander les yeux pour quelques minutes seulement.

— Volontiers, dit Pierrot, mais surtout pas de bêtises !

— N'aie pas peur ; il n'y aura ni ballon ni parachute. »

On banda effectivement les yeux au petit convalescent, et le jeune B***, qui s'était muni exprès de deux miroirs, se hâta d'en attacher un silencieusement à quelques pieds au-dessus de la tête de Pierrot, et de lui donner une inclinaison convenable ; puis il en plaça un autre devant le petit paysan, sur une petite table qu'on approcha, et enfin on tendit, à une certaine distance devant lui, un immense paillasson qu'on prit dans le jardin, et qu'on fit tenir verticalement en l'attachant à deux arbres, de telle sorte que Pierrot ne pouvait voir au delà.

Tout étant ainsi disposé, le magicien fit placer Ernest et Rosine derrière cette barrière et leur recommanda d'obéir en silence à ses gestes.

Eugène alors, prenant le ton et l'accentuation des charlatans, cria d'une voix flûtée :

« Lequel de ses amis monsieur désire-t-il voir ? »

Pierrot, qu'on venait de débarrasser de son bandeau, répondit aussitôt :

« Frérot. »

Et Frérot parut dans la glace.

« Monsieur veut-il voir encore quelqu'un de sa connaissance ? continua le faux magicien.

— Mamzelle Rosine, » dit le petit tournebroche.

Et Rosine apparut.

« Ah ! mon Dieu ! que c'est drôle ! s'écriait le petit paysan en se tournant de tous côtés sur sa chaise, et n'apercevant ni Rosine ni Ernest, si ce n'est dans cette glace qu'il avait devant lui ; c'est pourtant bien eux, je les reconnais. Voilà bien Frérot avec son même nez, ses mêmes yeux: sa belle cravate bleue à pointes roses ; voilà bien mamzelle Rosine avec son camélia dans ses cheveux et son gentil petit sourire ; mais où sont-ils ?

— Veux-tu voir le diable maintenant ? fit Eugène avec sa plus grosse voix.

— Non pas ! non pas ! exclama le pauvre Pierrot, tremblant de tout son corps.

— Poltron ! répliqua le magicien.

— Moi, poltron ?... moi qui ai descendu d'un troisième étage à la queue d'un parapluie ! Ah ! ben oui, poltron ! Eh ben ! tenez, pour vous prouver le contraire, montrez-moi seulement le bout de ses cornes et vous verrez si je recule. »

A peine avait-il dit cela qu'une figure grimaçante, barbue, pointue, cornue, apparut dans la glace ; deux longues oreilles en forme de cornes ornaient cette tête extraordinaire et vraiment diabolique.

Mais cette fois le petit paysan n'y fut pas pris.

« Eh ! c'est Rouget avec des cornes de papier rouge ! » s'écria-t-il.

Aussitôt le paillasson tomba, et les trois enfants

apparurent derrière, riant aux éclats.... Rouget probablement ne goûtait pas la plaisanterie ; car il se démenait entre les bras de Rosine comme un diable dans un bénitier.

Enfin on expliqua à Pierrot tout le secret de ce jeu en lui faisant comprendre la position des miroirs, dont le premier reflétait les personnages et les rendait au second.

« Le mécanisme de ces *chambres roires* qu'on fait voir dans les foires, dit Eugène, n'est pas autre que cette combinaison de glaces réfléchissantes. »

Ce jeu plein de surprise termina la séance du jardin, car la chaleur était devenue si intense que les enfants sentirent le besoin d'aller chercher l'ombre et la fraîcheur dans leur chambre. On convint donc d'achever la leçon d'optique dans le cabinet d'Ernest, où se trouvaient les instruments de physique envoyés par M. de Saint-Martin.

Lorsqu'on fut installé, les questions recommencèrent de plus belle.

Une rosace de verres de couleur, qui formait l'imposte d'une des fenêtres de ce cabinet, était à ce moment frappée par les chauds rayons d'un beau soleil qui en renvoyait les vives nuances sur le mur, effet que l'on peut remarquer souvent sur les dalles des églises ornées de vitraux peints.

Rosine examinait ces riches couleurs, apportées là par le soleil.

« Mais qu'est-ce donc que ces couleurs? dit-elle enfin; j'en vois là de délicieuses sur ce mur, et cependant je sais bien que ce n'en est que l'apparence.

— Les couleurs! dit Eugène, on n'en connaît que le nom; la réalité n'existe pas, matériellement au moins.

— Comment?

— Je vais tâcher de me faire comprendre, dit le jeune professeur. Tu as déjà vu un arc-en-ciel, n'est-ce pas?

— Certes.

— L'eau, penses-tu, qui provient du nuage, tombe-t-elle colorée de rouge, de jaune, d'indigo? Non, n'est-ce pas? La neige qui te paraît d'un blanc mat si tranché, donne-t-elle en fondant un liquide de la même teinte? Enfin, vois cette encre d'un si beau noir : je vais y verser un peu de chlore...

— Tiens, tiens, dit Pierrot, mais c'est de l'eau claire à présent.

— Eh bien! où sont les teintes? où sont les couleurs.

— Comment! dit Rosine, il faudra que j'admette que les couleurs n'existent pas?

— Peu s'en faut, ma chère cousine; cependant je veux me rendre un peu plus intelligible dans mes abstractions. Les couleurs sont un assemblage de molécules qui se séparent en teintes diverses émanant toutes d'un seul faisceau, qui est la couleur blanche... Vous ne me comprenez pas encore, sans doute?

— Pas trop, dirent les trois enfants.

— Eh bien, je vais vous faire une expérience concluante. »

Eugène alors ferma hermétiquement les volets de la chambre, et l'on se trouva dans une obscurité complète; un petit rayon cependant s'échappait par l'ouverture que formait l'espagnolette. Le jeune physicien y plaça aussitôt un prisme, et à l'instant même on vit apparaître sur le mur en face un magnifique *spectre solaire*, c'est-à-dire une colonne reproduisant les sept couleurs de l'arc-en-ciel.

« Prends un pinceau, Ernest, dit le jeune B*** à son frère, et va essayer si sur ce mur tu pourras délayer quelques unes de ces belles couleurs.

—Tu te moques de moi, répondit celui-ci; mais à mon tour de t'embarrasser: tu m'as dit que les sept couleurs primitives étaient le résultat d'un faisceau blanc; tu serais bien embarrassé, je pense, de ramener au blanc ces jolies nuan...

— Ah! mon Dieu! c'est fait. »

Effectivement tout avait disparu; une teinte vive et brillante remplaçait le magnifique spectre solaire.

« Mais comment cela s'est-il fait? s'écria Rosine,

intriguée autant que son cousin de cette métamor-
phose.

— Voilà tout le secret; j'ai rassemblé au centre
de ce verre lenticulaire les sept rayons, et les ai,
pour ainsi dire, fondus en un seul, qui est ce
faisceau blanc.

—C'est le cas de dire que c'est de la magie blanche, dit Pierrot.

— Eh bien! ajouta Ernest, qu'est-ce que produirait l'absence de toute couleur ? »

Ces mots étaient à peine dits qu'Eugène, appli-
quant sa main sur le trou du volet, plongea ainsi
tout le monde dans l'obscurité.

— C'est le noir, mon cher ami.

— Oh! si j'avais ce petit bout de verre, fit Pierrot en montrant le prisme, comme à l'école je leur
en ferais voir de toutes les couleurs! comme je
leur dirais qu'avec du rouge, du vert, du jaune,
je leur gâcherais du blanc!

— Si tu tiens à faire une expérience de ce genre
à tes petits camarades, je vais t'indiquer un moyen
plus simple: coupe en rond un morceau de carton
que tu noirciras au bord et au milieu, puis tu
peindras dans le cercle intermédiaire seul sept
couleurs, violet, indigo, bleu, vert, jaune, orangé,
rouge, et le suspendant verticalement à un clou, tu
verras, en le faisant tourner rapidement, les sept
couleurs faire place à une teinte blanchâtre.

— Bon! voilà pour le blanc; mais comment leur ferai-je voir les couleurs de l'arc-en-ciel maintenant?

— Par un tour encore plus simple et à la portée de tout le monde, répondit le jeune professeur en riant: tiens, regarde bien; mais place-toi, pour cela, un peu derrière moi. »

Eugène alors, après avoir ouvert les volets, mit un demi verre d'eau dans sa bouche, puis l'expulsant avec force en un jet parabolique, il fit une belle gerbe qui effectivement, aux rayons du soleil, laissa voir une sorte d'arc-en-ciel assez bien nuancé des couleurs prismatiques.

Pierrot trépignait d'aise d'avoir ainsi des expériences de physique si bien à sa portée.

« Autre tour non moins joli, ajouta Eugène; regardez bien tous. »

Il coupa alors une carte en rond, dessina d'un côté une cage vide, et, de l'autre, un oiseau; puis attachant un fil à deux points de la circonférence de cette carte, il la fit tourner rapidement.

« Tiens! tiens! s'écrièrent les enfants, voilà l'oiseau qui est dans la cage.

— Ceci s'appelle un thaumatrope, mot barbare, qui cependant veut dire merveille. »

Pierrot n'était pas encore revenu de son admiration que déjà Ernest s'empressa d'entamer un autre chapitre.

« Mon frère, dit-il, je serais bien curieux de savoir ce que c'est que le *microscope*.

— C'est un des instruments les plus ingénieux que la catoptrique ait inventés. Je ne vous en décrirai pas le mécanisme ; je vais seulement en deux mots vous dire quel en est le système. Cet instrument se compose d'un verre lenticulaire d'une

certaine dimension, dont le foyer se porte sur un plus grand qui, amplifiant l'objet sur lequel on a dirigé, au moyen d'un miroir, le plus de lumière possible, le fait paraître dix fois, cent fois, mille fois plus grand, selon la bonté et la dimension des lentilles. A la faculté des sciences, à Paris, il y en a un qui grossit l'objet quatre mille cent trente-cinq fois ; une puce y paraît presque aussi grosse que Rouget; mais l'œil lui-même est un véritable microscope.

— C'est donc pour cela qu'on y applique des verres de lunette ? dit Rosine, quand on n'y voit plus d'assez près.

— Mais comment donc les lunettes remédient-elles aux inconvénients de la vue?

— Lorsque le cristallin est trop bombé, ce qui arrive assez souvent dans les jeunes gens, le foyer visuel est tellement court qu'il faut, pour y rémédier, faire usage de verres *concaves*, qui, faisant diverger les rayons, les portent plus loin en les obligeant de s'étendre. Mais si le cristallin est trop aplati, comme chez les vieillards, les rayons s'égarent au loin et ont besoin alors de verres *convexes* qui les arrêtent, les concentrent en un foyer plus rapproché.

— N'appelle-t-on pas les gens qui sont dans le premier cas des *myopes* et les autres des *presbytes*?

— C'est précisément cela.

— Mais, dit Pierrot, pourquoi donc, quand je regarde la grande allée du parc, les arbres paraissent-ils, à l'autre bout, se rapprocher et presque se toucher?

— C'est parce que les lignes droites d'une certaine étendue font, avec notre rayon visuel, un angle qui va toujours en se rétrécissant.

— Puisque nous en sommes sur les verres, dit

Ernest, je voudrais bien, mon cher Eugène, que tu m'expliquasses le mécanisme de ce joli petit joujou que l'on nomme un *kaléidoscope*.

— Si l'effet qu'il produit te semble merveilleux, je puis t'assurer que le mécanisme en est bien simple. Il consiste en trois verres noircis d'un côté et placés dans un étui de manière à former des angles entre eux. Au bout de l'instrument, on place entre deux verres dont le dernier est dépoli quelques petits objets de verroterie ou de clinquant, et ces objets se présentent à l'œil avec des dispositions telles qu'il y a toujours entre eux une symétrie parfaite. Cet effet d'optique est dû à leur réflexion par les surfaces inclinées des verres noircis.

— Comme nous voyons de jolies choses aujourd'hui! dit Ernest; mon Dieu, comme tout cela me fait aimer cette étude si attrayante, si instructive de la physique!

— Mais, mon cousin, interrompit Rosine, toute lumière ne vient pas seulement du soleil et du feu, n'y a-t-il pas encore le phosphore qui ne provient ni de l'un ni de l'autre?

— Certainement, ma chère Rosine; témoin les allumettes enduites de phosphore sulfuré, et qui laissent une trace éclatante de lumière là où on les frotte dans l'obscurité. Il y a, en outre, certains animalcules qui apparaissent dans les chaudes nuits d'été sur la crête des flots de là mer, surtout dans le sillage que laisse un vaisseau.

— Puis, dit Ernest, il y a des verts luisants que l'on distingue si bien dans l'herbe quand la nuit est close.

— Il y a plus encore : le bois pourri et certains détritus de végétaux recèlent aussi et laissent voir du phosphore. Mlle Linné, fille du célèbre natura-liste, a signalé ce corps simple comme existant parfois sur les fleurs mêmes de la capucine. Mais, continua-t-il en se levant, je crois que nous outre-passons un peu l'heure de notre récréation cette fois ; car je viens d'entendre sonner l'heure du travail, il y a déjà quelques minutes. »

On se leva pour aller se remettre à des devoirs, sinon aussi agréables, du moins aussi utiles ; ce-pendant, en sortant du cabinet d'Ernest, Rosine avait jeté les yeux sur un petit médaillon repré-sentant toute la famille B*** faite au daguerréotype.

« Oh ! permets-moi encore une question, mon cousin, dit-elle en s'arrêtant, comment donc peut-on faire un dessin sans couleur ni pinceau ?

— Je ne te dirai pas, répondit le jeune B***, que rien n'est plus simple, car il n'est même pas facile de bien réussir. Je vais essayer cependant de ré-pondre à ta question. D'abord, ma chère Rosine, fais-moi le plaisir d'examiner attentivement ce ruban lilas qui te sert de ceinture.

— Mais... je n'y vois rien... si ce n'est qu'il est un peu passé à l'endroit.

— Et que penses-tu qui soit la cause de cette décoloration?

— C'est l'air probablement.

— Voilà déjà un puissant argument pour cet art du daguerréotype que nous voulions expliquer. Car d'autres substances aussi ont la propriété de s'altérer, soit en se combinant avec d'autres corps, soit en se trouvant simplement exposées à l'air. Ainsi, voilà de l'absinthe verte: si je la verse dans l'eau, j'obtiendrai une liqueur d'un beau blanc laiteux: ici il y a combinaison, mais voici encore un autre exemple: dans ce flacon bien bouché vous voyez une eau qui vous paraît bien limpide, c'est de l'azotate, ou, si vous aimez mieux, de la *pierre infernale* à l'état liquide; eh bien! voyez, en débouchant le flacon, cette substance se sature d'air, et la voilà qui noircit.

— C'est pourtant vrai, dirent les enfants.

— Vous voyez que nous avançons déjà un peu dans la découverte du secret de Daguerre. Cet artiste, aussi habile qu'ingénieux, avait remarqué que la lumière attaquait l'iode, corps lamelleux qui se volatilise facilement, et le rembrunissait plus ou moins, selon que le jet de lumière est plus ou moins vif; il a donc déposé de cette substance sur une plaque argentée, et, au moyen d'un verre spécial, y a projeté un objet quelconque.

— Alors, tout a dû devenir noir ?

— Pas tout à fait cependant ; car tout corps ma-
tériel a toujours quelque dégradation d'ombre,
quelque demi-teinte données par sa forme même.
Le dessin se fait donc tout seul sur cette plaque
par l'action de la lumière sur la couche d'iode ; le
tout, il est vrai, devient à peu près noir et l'effet
n'en pourrait être compris, car ce sont les parties
claires de l'objet à représenter qui sont les plus
noires. Il fallut donc qu'il avisât à une combinaison nouvelle. Il a dû dès lors exposer pendant un
intervalle de temps qu'un bon daguerréotypeur
seul peut apprécier, ce dessin ombré à contre-
sens à une vapeur qui eût la propriété de corro-
der, de neutraliser en partie cet excès d'ombre.
C'est la vapeur de mercure qui a été trouvée propre à cette dernière opération, la plus délicate et
la plus difficile de toutes. Et enfin, quand on juge
que les clairs et les ombres se sont bien harmo-
nisés, on retire la plaque.

— Et la pièce est jouée, » dit Pierrot, qui avait
hâte de voir se terminer une description dont il
n'avait pas compris grand'chose.

Cette savante conclusion termina la séance. On
se sépara en se promettant un bien plus grand
plaisir encore pour le lendemain, jour où devait
avoir lieu enfin la fameuse séance de physique
chez le bon M. de Saint-Martin.

CHAPITRE XXV.

Soirée fantastique. — L'homme incombustible.
Jeu des aimants. — Le coup de pistolet.

Ce bienheureux jour parut enfin, et l'impatience d'arriver à la soirée fut telle, que toute la famille se trouva au lieu du rendez-vous bien avant l'heure, et, en vérité, bien lui en prit, car il y avait surcroît de divertissements. Ce fameux saltimbanque dont nous avons déjà admiré le savoir-faire au commencement de nos vacances, — vacances. hélas! dont le terme s'approche rapidement! — était venu offrir ses petits services, et M. de Saint-Martin s'était empressé de les accepter pour faire ce qu'il appelait en riant la *parade* de sa soirée.

Tous les assistants furent bientôt installés dans le salon. Tout y était magnifique: des tentures, rehaussées de guirlandes de fleurs naturelles, avaient donné à ce lieu un aspect théâtral. Une belle machine électrique avec tous ses accessoires était posée sur une estrade improvisée ; puis au milieu de l'appartement, on avait placé une petite table ronde recouverte d'un long tapis qui en cachait soigneusement le pied ; sur ce meuble on remarquait une petite maisonnette en carton, munie de son paratonnerre, de petits pantins à pied ou à cheval, un beau cygne dans une jatte de cristal, etc , toutes choses qui, à la vue seule, promettaient des scènes amusantes.

Enfin parut notre empirique, il signor Tambourini. Il avait endossé son plus beau costume, qui consistait en une casaque bleu de ciel, veste et pantalon pareil, le tout frangé et brodé d'argent sur toutes les coutures ; bref, il était magnifique....

Après les trois saluts d'usage, ce brillant personnage annonça à l'honorable société.... qu'il allait prendre un *bain de pieds*.

« Eh bien ! il est sans gêne, celui-là, dit Pierrot.

— Mais un bain de pieds, reprit Tambourini, comme on n'en prend que dans les cas désespérés. »

Puis, élevant la voix jusqu'à l'octave la plus aiguë :

« Saïd-ben-Moustapha ! » s'écria-t-il.

A ce cri parut un pauvre petit être de douze à quatorze ans, à l'air souffreteux, au corps osseux

Il signor Tambourini.

et amaigri, vêtu d'un méchant pourpoint jadis rouge; il apportait une jatte en fer battu dans laquelle il y avait.... du plomb fondu.

Il signor Tambourini se déchaussa.

« Afin que vous soyez bien sûr, dit le bateleur, que ce liquide est du plomb à l'état d'ébullition, je veux vous en donner la preuve. »

.Il jeta alors dans le métal en fusion un autre morceau de plomb qui commença immédiatement à fondre.

Alors, trempant ses talons dans la jatte bouillante, il en fit jaillir le plomb de tous côtés.

« Oh ! le malheureux ! s'écrièrent les dames, mais il se brûle réellement. »

On entendait effectivement un petit petillement qui pouvait laisser croire que les chairs étaient attaquées.

« Nous pourrons faire voir plus fort encore, dit Tambourini. Saïd-ben-Moustapha, apportez-moi une barrê de fer rougie au feu; je veux l'avaler aux yeux de la société. »

Le petit bohémien arriva à l'instant, tenant avec une pince une grosse tringle de fer chauffée au rouge dans la pièce voisine.

« Poltron, lui dit son maître, tu as peur de te brûler les doigts; donne-moi cela, et regarde. »

Puis, à la stupéfaction générale, il osa, non pas avaler ce fer rouge, mais le tenir entre ses dents

et le poser même sur sa langue; ensuite, il le rejeta sur sa tête, dont on entendit griller quelques
cheveux.

Et, relevant fièrement la tête, le jarret tendu, le
poing sur la hanche, il sortit en humant l'encens
des éloges qu'il entendait retentir de toutes parts.

« Mais comment cela se peut-il faire? s'écrièrent
tous les enfants.

— Ne criez pas tout à fait au miracle, dit M. de
Saint-Martin: cet homme est fort habile, fort courageux sans doute.... mais il n'y a là rien de sur-
humain.

— Mais cependant, dit Mme B***, c'était bien
dans du plomb fondu qu'il plongeait tout à l'heure
ses talons.

— Peut-être, madame, dit le professeur; du
reste, il aurait tout aussi bien pu prendre ce métal
fusible de Darcet (bismuth, plomb et étain), avec
lequel on fait ces plaques de sûreté qu'on adapte
aux chaudières des locomotives; mais encore quand
ce serait du plomb fondu, vous avez pu remarquer
qu'avant d'y tremper le pied, il a jeté dans le métal
en fusion un autre morceau de plomb sur lequel
toute la chaleur s'est immédiatement portée.

— Et le fer rouge entre les dents, sur la langue
même? ajouta la mère de Rosine.

— Cela, je l'avoue, est le plus audacieux de ses
tours; cependant je sais qu'en se frottant la peau

avec un amalgame d'alun et de gros savon, on la rend insensible à la chaleur pour un instant. Je pense aussi qu'une préparation de même nature, avec addition d'un peu d'acide sulfurique, aura été mêlée dans ses cheveux et les aura empêchés de prendre feu.

— En tout cas, dit tout bas Pierrot, il ne faut pas être douillet.... quand je pense que je ne peux pas manger la soupe un peu chaude sans avoir soufflé une demi-heure dessus. »

Cependant il signor Tambourini revint bientôt.

« Où donc est Saïd-ben-Moustapha? dit-il d'un ton fort irrité; j'avais envoyé ce petit drôle me chercher dans la lune un potage à l'acide prussique pour me restaurer, et il n'est pas encore de retour!.... Il ne faut pourtant que trois secondes pour cette course. »

En effet, le petit bohémien n'était plus là, bien qu'on l'eût vu, un instant avant, s'accroupir sur le tapis.

« C'est égal, dit le saltimbanque en se radoucissant, nous allons passer à d'autres exercices. « L'approvisionnement du cygne! » cria-t-il à tue-tête en indiquant la jatte de cristal qui était sur la petite table ronde.

On vit bientôt le cygne s'ébranler peu à peu, courir des bordées dans son étroit canal, puis venir tendre le cou dans la direction où un petit bonhomme en liége peint se tenait, un bâton à la main.

Ce petit pantin se mit aussitôt en mouvement, et, s'approchant du bord de la jatte avec un bâton, fit reculer précipitamment l'oiseau, sans cependant l'avoir touché.

« Voyons, dit le bateleur, si la douceur fera plus que la force. »

Il ôta le bâton des mains du bonhomme, y mit à la place un petit morceau de pain, et cette fois le cygne, du plus loin qu'il sembla le voir, accourut et vint se jeter sur cet appât.

« Voyez-vous? dit Pierrot avec une grande bonne foi, si petit que cela et déjà si gourmand! »

Ensuite Tambourini prit une petite ligne, y attacha certains hameçons et la jeta dans le vase: on vit aussitôt des petits poissons en verre soufflé accourir ou se sauver.

« Le grand combat du chevalier Bliombéris et du chevalier Noir!!!... s'écria le bateleur en débarrassant la table du vase d'eau et mettant aux deux extrémités opposées deux cavaliers tout bardés de fer et la lance en arrêt. — Sus! sus! à la rescousse, Bliombéris, Félicie s'évanouit.... »

A l'instant les deux champions s'élancèrent l'un sur l'autre; mais leur précipitation et la haine mortelle qui les animait furent sans doute telles, qu'ils ne purent se toucher.

« A une autre passe! brave chevalier de la Table-Ronde. »

A ces mots, les deux combattants se reculèrent pour prendre du champ, et revinrent l'un sur l'autre avec plus de furie que jamais.

« Bon ! s'écria Pierrot involontairement ; voilà ce pauvre mauricaud qui a reçu un coup dans l'œil !... Il se débat par terre, à présent. »

Effectivement, Baudouin, le rival de Bliombéris, était étendu sur l'arène et justifiait bien, par les convulsions dont il semblait agité, la pitié que lui avait témoignée le petit paysan.

On entendit un hourra d'applaudissements.

Et Tambourini, toujours de plus en plus flatté de son succès, sortit en froissant majestueusement la feuille de papier gaufrée qui lui servait de jabot.

« Est-ce que ces petits bonshommes, dit Ernest, sont réellement des automates à ressorts ?

— Nullement, dit M. de Saint-Martin, et vous pouvez vous en convaincre vous-même, » ajouta-t-il en lui passant un de ces petits pantins en liége.

Les enfants examinèrent de tous côtés cette petite figure, et, n'y voyant rien d'extrordinaire :

« C'est égal, dirent-ils en la rendant, c'est trop surprenant, et il y a quelque chose de caché là-dessous.

— Non pas *quelque chose*, reprit le vieux professeur en soulevant le long tapis de la table, mais *quelqu'un*. »

Et, en effet, on aperçut Saïd-ben Moustapha, qui

sans doute était de retour de son voyage dans la lune, et qui, accroupi sous cette table, tenait encore deux aimants avec lesquels il avait fait exécuter les différentes évolutions dont nous venons de parler.

« Remarquez maintenant, continua M. de Saint-Martin, que chacun de ces objets est muni d'un petit fer aimanté qui était obligé d'obéir à l'attraction ou à la répulsion qu'exerçait sur lui cet aimant que Moustapha promenait sous la table.

— Mais, dit Ernest, si l'aimant attire, il repousse donc aussi ; car le petit cygne fuyait devant le bâton et se précipitait sur le pain : c'était pourtant le même bonhomme.

— Oui, mais ce n'était plus le même pôle de l'aimant. Permettez-moi, mon petit ami, de vous dire quelque chose de ce fluide bien connu, il est vrai, mais jusqu'à présent très-imparfaitement défini. C'est un oxyde de fer qui se trouve communément en Corse, à l'île d'Elbe ou en Suède ; le fluide extraordinaire qu'il recèle a la propriété d'attirer ou de repousser les corpuscules métalliques qu'on lui présente, et même il peut communiquer cette propriété à d'autre fer ; car vous voyez ces barreaux, ces fers à cheval aimantés ne l'ont été que par contact, par influence ; et, bien plus encore, chacun de ces aimants nouveaux a les deux pôles, c'est-à-dire le pôle nord, qui attire, et le pôle sud, qui repousse.

— Oh! alors, s'écria Ernest enthousiasmé d'un trait de lumière qui venait probablement de dissiper un doute.... je devine la boussole !

— En voici une, dit M. de Saint-Martin en posant la boîte et son aiguille devant le petit collégien, et lui faisant remarquer que, de quelque côté qu'il tournât la boîte sur la table, la pointe bleue — qui était le pôle du nord — se dirigeait invariablement vers ce point.

— Tu conçois, dit Rosine à voix basse à son cousin, qu'avec un tel instrument un vaisseau ne peut s'égarer en aucun point du globe : car, là où se tourne l'aiguille...

— Là n'est pas le nord rigoureusement, interrompit M. de Saint-Martin ; une cause, qui nous est encore inconnue, fait un peu dévier l'aiguille de ce droit chemin. Ainsi, à Paris, la déclinaison est de vingt-deux degrés ; mais cette petite irrégularité peut se corriger par l'observation des astres.

— Ainsi, dit Ernest, l'influence des fers aimantés du petit Moustapha a pu se faire sentir même à tra-travers le marbre de cette table ?

— L'obstacle eût été trop fort : j'ai enlevé le marbre et l'ai remplacé par ce rond de carton Du reste, vous voyez qu'à travers une assiette de porcelaine je puis faire agir et cette aiguille et cette limaille qui obéissent à l'aimant que je promène dessous. »

La troisième et dernière série de tours du prestidigitateur Tambourini suivit les expériences de tout
genre que chacun se mit à faire avec des barreaux
aimantés, les uns enlevant des aiguilles en chape-
let, c'est-à-dire qui s'aimantaient réciproquement;
les autres soutenant d'un côté d'une vitre une aiguille qui se trouvait à la face opposée, et la faisant
voyager de droite et de gauche.

Le saltimbanque reparut enfin; il avait changé de
costume et s'était affublé d'une longue simarre
avec toque et hermine (ancienne défroque de rhétorique qu'avait probablement prêtée notre vieux
professeur), convertie pour la circonstance en robe
de juge; il tirait par une oreille le pauvre petit
Saïd-ben-Moustapha, coiffé d'un bonnet de police
en papier et décoré d'une paire d'épaulettes,
d'un baudrier, de revers d'habit, etc., de même
étoffe.

« À quatre pas d'ici, dit d'une voix furibonde le
faux magistrat, je viens de saisir ce jeune voltigeur
en état de désertion. Son procès, messieurs et mesdames, ne sera pas bien long à instruire.... La loi
prononce que le coupable passera par les armes,
ou, en d'autres termes, sera fusillé!...

— En voilà un qui va vite en besogne, dit Pierrot : sitôt pris, sitôt pendu.

— Quelqu'un de l'aimable société, ajouta Tambourini, veut-il avoir le plaisir de terminer cette

affaire par un bon petit coup de pistolet à l'adresse du susdit déserteur? »

Et, en effet, le sauteur de corde exhiba de dessous sa simarre un vrai pistolet d'arçon, avec gâchettes et chien véritables; il mit dans le canon de la bonne poudre de munition en double charge, et y introduisit une balle de plomb dont il fit vérifier la pesanteur et la réalité en la laissant tomber lourdement à terre.

Mais, pendant tous ces apprêts, M. de Saint-Martin avait pu remarquer sur la figure des assistants, et surtout des dames, comme une pénible émotion, ou du moins une vague inquiétude, en voyant ce pistolet et cet enfant; il ne voulut pas que sa fête prît un caractère autre que celui de la gaieté, et, s'adressant au saltimbanque:

« Je sais fort bien, dit-il à cet homme, que ce serait au moins pour la centième ou millième fois que vous tueriez votre déserteur, qui, après l'exécution, ne s'en porte pas plus mal; mais pour aujourd'hui, si vous le permettez, nous lui accorderons sa grâce.

— Mais, dit l'escamoteur, le coupable a la facilité de chercher à parer le coup avec cette cravate de soie, qu'il tiendra tout ouverte devant lui, et ce sera indubitablement, ajouta-t-il avec un certain sourire de supériorité, dans cette cravate que se trouvera la balle.... En un mot, messieurs et mesdames, je ne croirais ni mon triomphe complet ni votre curiosité satisfaite, si je n'exécutais cette jolie petite expérience devant vous. »

Pour couper court à ce long discours, et pour sauvegarder autant que possible, l'amour-propre de Tambourini, M. de Saint-Martin envoya dans le jardin le juge et l'accusé, puis il fit attacher la cravate à deux arbres, et tout le monde s'approcha des fenêtres pour voir l'exécution en effigie.

Le coup partit à dix pas au plus de ce mouchoir, qu'en effet on vit faire plusieurs circonvolutions sur lui-même et tomber en recélant la balle dans ses plis.

Là devaient s'arrêter les exploits surprenants du saltimbanque. Il refit ses trois saluts d'usage, et avant de quitter la maison, lui et son petit bohémien allèrent, en passant par l'office, se refaire de leurs fatigues par une substantielle collation qui leur avait été préparée.

CHAPITRE XXVI.

Électricité.

La nuit était venue, et tout le monde se sentait en appétit. Sur l'invitation qu'en fit M. de Saint-Martin, on passa dans la salle à manger. Bien que le dîner fût délicat et abondamment diversifié en mets choisis et en friandises des plus attrayantes, on se hâta de le terminer pour rentrer bien vite au salon, où devaient se faire de curieuses expériences d'électricité et de magnétisme.

La salle était éblouissante à voir, la chimie et la physique avaient fait tous les frais de l'éclairage ; dans d'élégantes carafes en cristal bouillonnaient de l'acide sulfurique étendu d'eau et s'échappant par des tubes capillaires en jets de flamme ; sur deux consoles des vases contenant de l'éther sulfurique donnaient des feux colorés ; puis dans la partie la plus reculée de la salle et vers la jonction de deux rideaux de velours, qui semblaient cacher quelque mystère, étincelait un véritable soleil, astre brillant sur lequel il était impossible de reposer la vue plus d'une minute.

— Nous expliquerons plus tard à quoi était dû ce radieux phénomène.

Sur une table d'acajou, et non loin de la machine électrique, était posée une très-jolie petite corbeille en verre filé, remplie de boutons de rose artificiels.

« Oh ! le joli joujou ! fit Rosine en l'examinant de sa place.

— Si vous voulez le voir de plus près, dit assez indiscrètement Pierrot, je vais vous l'aller chercher pendant que M. de Saint-Martin tourne cette grande roue de verre là-bas. »

Pierrot, qui, on le voit, devenait très-galant, se glissa jusqu'à cette table et allongea la main pour prendre cette merveilleuse corbeille.

Mais à peine l'eut-il touchée du bout du doigt qu'on l'entendit pousser un cri effrayant en faisant un bond énorme en arrière.

« Ah ! ah ! dit Eugène en riant, qui s'y frotte s'y pique, mon cher.

— Mais, dit M. de Saint-Martin, cette petite corbeille est pourtant mise là pour celui qui voudra

bien la prendre : certes, ajouta-t-il, Pierrot ne
m'accusera pas de lui avoir donné sur les doigts ;
car j'étais là-bas occupé bien innocemment à tourner cette machine électrique. Allons, allons ! qui
veut de ma marchandise, je ne la vends pas, je
la donne. »

D'autres renouvelèrent la tentative et éprouvè-
rent comme le petit paysan, une crispation dans
les doigts et la difficulté de· saisir cet objet si
singulièrement défendu.

« Allons ! Pierrot, dit M. B***, tu ne te hasardes
pas une seconde fois ?

— Impossible, monsieur, fit Pierrot, j'ai une
affreuse crampe dans la jambe. »

Le rusé compère se tira ainsi du mauvais pas.

Eugène alors se leva, et, mettant ses gants, alla
galamment offrir la main à sa cousine.

« Voyons un peu, dit-il, si, nouveau Jason, je
saurai conquérir cette autre toison d'or. Tiens,
Rosine, dit-il, voici l'arme que je remets entre tes
mains pour chasser le dragon qui nous joue à tous
de si vilains tours. »

Or, cette arme était tout simplement une tige
de cuivre très-effilée par un bout.

« D'une main, présente cette pointe à la machine électrique, et de l'autre saisis-toi hardiment
de la corbeille, » dit Eugène à sa cousine en la
faisant approcher.

Ce qui fut dit fut fait, et Rosine enleva triomphalement l'objet tant désiré.

« Pardine! dit Pierrot encore piqué de sa défaite.... c'est qu'il y a à cette table quelque machine infernale qui.... que.... est-ce que je sais?

— Eh bien! pour te prouver le contraire, dit M. de Saint-Martin au petit paysan, viens ici, mon garçon, et tu vas prendre une éclatante revanche; car je crois, ajouta-t-il à part, que je lui ai donné la secousse un peu forte, et je lui dois bien une compensation. »

Il fit monter alors Pierrot sur un tabouret à pieds de verre, et, lui mettant dans la main une pièce d'or :

« Ceci sera pour toi, lui dit-il, si personne ne peut te le prendre.

— Oh! en ce cas, dit le petit paysan, je vais serrer la main tant que je pourrai, ou, pour que ce soit encore plus sûr, prêtez-moi cette badine, j'en frapperai un bon coup sur le premier qui....

— Tout cela est inutile; tu étendras le bras, tu ouvriras la main, et la pièce sera simplement posée dessus; cela suffira. »

Lorsque tout fut ainsi disposé, M. de Saint-Martin retourna à sa roue électrique, et invita chaque assistant à venir tenter l'aventure.

On le fit un peu par complaisance; mais tous furent bien attrapés, car à chaque contact on en était réellement pour une bonne taloche, comme disait Pierrot.

Lorsque tout le monde y eut passé, le petit lutin de tournebroche fit une immense cabriole, et, riant de tout son cœur, retourna à sa place en serrant dans sa poche sa jolie pièce d'or.

« Tout ceci nous vaudra bien quelques mots d'explication, dit M. B*** à son aimable hôte ; car je vous avoue que je n'ai pas parfaitement compris le fond de ces expériences.

— Cela vous vaudra, répondit M. de Saint-Martin, une petite leçon de physique, et, bon gré, mal gré, il faudra en passer par là.

— On aurait mauvaise façon à se plaindre quand on s'y prend si gracieusement pour vous faire plaisir, dit Mme B.... et sa sœur, qui formèrent le cercle aussitôt.

— Qu'est-ce d'abord que l'électricité ? Mon Dieu ! ce mot, un peu effrayant peut-être, veut tout bonnement dire *ambre*. Le hasard fit un jour découvrir dans cette substance résineuse, dont le nom grec est *electron*, la singulière propriété d'attirer les corps légers qu'on lui présentait après l'avoir frottée ; on tenta la même chose sur la cire, sur le verre.... — Du reste, voyez-en l'expérience vous-mêmes, dit M. de Saint-Martin en frottant sur son habit un bâton de cire à cacheter qui attira aussitôt à lui de petits morceaux de papier.

— On se douta dès lors, continua-t-il, que le frottement pouvait mettre en jeu certains fluides, sortes de courants invisibles à l'œil, mais appréciables par d'autres moyens.

— Ainsi, dit Ernest, l'ambre, la cire et le verre, voilà ce qui donne l'électricité?

— C'est-à-dire, mon petit ami, que ce papier, ce cuivre, votre corps même, le globe terrestre tout entier, en un mot, recèlent ce fluide remarquable; et, afin que vous me compreniez mieux, je vais encore vous faire une expérience bien simple et que vous pourrez répéter chaque jour, au moyen d'une feuille de papier pliée et d'un peu de gomme élastique. »

Le professeur plia alors un carré de papier en deux, et, le posant sur la table, il le frotta vivement avec un peu de caoutchouc; puis, l'enlevant par un coin, il le présenta aux mains des enfants, et cette feuille s'y précipita aussitôt.

« Maintenant, dit-il à Ernest, comme ce papier est double, mettez-vous tout à fait dans l'ombre et dédoublez-le : vous verrez le complément de ce phénomène.

— Ah! mon Dieu, s'écria le petit écolier, mais cela a l'air de craquer; et puis je vois comme de petites étincelles qui courent de l'une à l'autre feuille.

— Voici maintenant l'expérience plus en grand, continua le professeur en tournant le disque de verre de sa machine électrique et en recevant sur les jointures de sa main fermée de longues et brillantes étincelles.

— Mais quelle puissance attire donc ainsi l'électricité sur votre main? demanda M. B***. Est-ce que par hasard votre corps en recèle et en émet à volonté?

— L'électricité est, à ce qu'il paraît, une propriété inhérente aux corps, et, de plus, ce fluide est double, étant tantôt à l'état *positif* ou vitré, tantôt *négatif* ou résineux; ainsi cette roue de verre laisse échapper de sa surface son électricité *positive*, qui, passant par les pointes que vous voyez, va surexciter l'électricité *négative* du conducteur de cuivre.

— Mais quelle est la cause de cette étincelle qui vient éclater sur votre main?

— Il est probable que le bruit en est produit par la rencontre de deux fluides, celui de mon corps et celui de la machine.

— Mais votre corps est donc un inépuisable magasin d'électricité?

— Mon corps la reçoit de la terre, qui en est le réservoir commun; c'est de là qu'elle arrive, et c'est par là qu'elle s'écoule, témoin ce tabouret à pieds isolants sur lequel Pierrot accumulait en lui seul tout le fluide qu'il recevait de la machine, sans rien en rendre à la terre.

— · Maintenant, reprit Ernest, autre chose m'intrigue : c'est cette pointe de cuivre qu'Eugène a donnée à Rosine en la lui faisant présenter à la machine électrique et qui a conjuré l'orage.

— Conjuré l'orage est bien le mot; car c'est effectivement avec des pointes qu'on va jusque dans les nuages mêmes s'emparer de la foudre et qu'on l'oblige à rentrer, sans éclat, sans choc et sans danger, dans son réservoir naturel : votre cousine tenait à la main un véritable paratonnerre.

— Ah! voilà donc enfin que je comprends ce que c'est qu'un paratonnerre! s'écria Ernest tout joyeux.

— Vous connaissez déjà de vue cet appareil dû à l'admirable génie de Franklin; vous savez que c'est une longue tige de fer posée au faîte des édifices. J'ajouterai que l'extrémité supérieure est en platine, métal très-peu oxydable, et que, à la base de cette tige, est une chaîne qui glisse le long du toit et des murs, et va enfin se perdre dans un puisard creusé en terre et dont le fond est rempli de charbon pilé. Voici maintenant comment s'opère cet acte intelligent qui paralyse les effets désastreux de l'orage : si un nuage chargé en excès d'électricité positive vient à s'approcher de la terre, il peut arriver qu'il en soutirera l'électricité opposée... Alors se produira le même phéno-

mène que vous a présenté tout à l'heure cette
étincelle qui venait chercher ma main ou *vice
versa*; l'éclair brillera et la foudre le suivra bientôt.... Franklin a osé former ce vœu sublime, audacieux, sans doute, mais enfin qu'il a vu se réaliser. « Si j'allais arracher la foudre du sein même
du nuage! » s'était dit ce grand homme.... Et il
inventa le paratonnerre.

— Mais comment cela se passe-t-il, demanda
M. B***, quand la foudre ne tombe pas?

— Alors c'est un combat qui se livre là-haut entre deux nuages qui se renvoient réciproquement
l'électricité positive ou négative qu'ils ont en excès.

— On peut conclure de là, dit Mme B***, qui
était bien aise de donner à ses enfants un conseil
utile, qu'il est toujours fort dangereux de se réfugier sous les arbres, surtout ceux qui sont poin-
tus, tels que les peupliers, quand on est surpris
par un orage dans les champs.

— Surtout quand ces arbres sont mouillés, car
l'eau est un très-bon conducteur de l'électricité;
un parapluie en soie est ce qu'il y a de mieux en
ce cas; car la soie, comme le verre, est une substance isolante.

— Et au fond d'une cave, dit Pierrot, est-on bien
en sûreté?

— Mieux vaudrait, mon garçon, te tenir dans ton
lit; tu n'y trouverais ni humidité ni corps métal-

lique ; mais restons-en là des théories, et voyons un peu quelques expériences. Vous avez dû rencontrer probablement, à Paris, dans les Champs-Élysées, un physicien en plein vent qui étale aux yeux des curieux une foule de petits appareils qui auront sans doute excité votre curiosité. Un de ces appareils est la *bouteille de Leyde,* sorte de réceptacle dans lequel on accumule l'électricité produite par la machine, et qui sert ensuite à la transmettre, ainsi emprisonnée.... à tous ceux qui en désirent.

— Connu ! connu ! fit Pierrot ; c'est comme qui dirait la boîte à malice.

— Précisément, continua le professeur ; ou pour mieux dire encore, c'est une bouteille de verre recouverte d'une feuille d'étain, et contenant quelques feuilles d'or ; dans cet appareil plonge une pointe de métal qui, telle encore que notre tige de paratonnerre, va déposer la foudre au fond du vase.. — Un second appareil est le *carillon électrique.* Ces petites boules de cuivre suspendues, et si énergiquement ballottées entre ces deux timbres, vous prouvent bien qu'il y a alternativement répulsion et attraction de la double électricité.

— Je comprends bien, dit Ernest, qu'il y a là combat à outrance entre les électricités positive et négative ; car je vois là un petit pantin qui tantôt va se heurter la tête au plafond, tantôt retombe lourdement, et enfin a l'air quelquefois de rester suspendu entre les deux surfaces de cuivre.

— Vous déduirez facilement de là que la force d'ascension du pantin dépend du degré de puissance qu'acquiert instantanément l'une des électricités dégagées. — Enfin, un autre appareil est le *pistolet de Volta*.

— Oh! je sais, je sais, dit Ernest; j'ai vu lancer ainsi des bouchons qui passaient par-dessus les arbres. Je me rappelle même que dans cette petite bouteille de fer-blanc on fait arriver du gaz hydrogène que l'on enflamme ensuite au moyen d'une étincelle électrique.

— Puisque vous en avez la définition, mon petit ami, je m'abstiendrai donc d'en parler; et pour que notre conversation ne ressemble pas trop à une leçon de classe, nous allons en demeurer là de l'électricité. La variété fera paraître la séance moins longue à ces dames, et, en conséquence, nous allons causer un peu magnétisme.

— Bon, dit étourdiment Pierrot, si l'on magnétise quelqu'un, je me ferai dire ma bonne aventure.

— Ce n'est pas précisément de ce magnétisme-là que je veux parler, mon petit bonhomme, mais bien de ce fluide, double encore, et tout proche parent de l'électricité, que l'on obtient par le contact de deux métaux dissemblables : nous le nommerons, pour le distinguer de celui de l'aimant, que nous avons déjà étudié, *électro-magnétisme*.

— Et comment celui-ci se manifeste-t-il? demanda M. B***.

— Je vous dirai d'abord, répondit M. de Saint-Martin, que c'est au hasard qu'on en doit la découverte. Le célèbre Galvani, physicien de Bologne, remarqua un jour que les cuisses d'une grenouille morte se contractaient énergiquement chaque fois qu'elles se trouvaient en contact avec du fer; il donna quelque suite à cette singulière découverte, et plus tard Volta, qui s'en était emparé, prouva que deux métaux séparés par un milieu humide et rapprochés à leur extrémité donnent lieu à un certain courant électrique.

« Mais du reste, dit M. de Saint-Martin en prenant quelques pièces de cinq francs et des lames étroites de zinc qu'il s'était fait apporter, passons tous, si vous voulez bien, de la théorie à la pratique : vous comprendrez mieux ainsi le galvanisme. Mettez l'extrémité d'une de ces pièces sous votre lèvre supérieure, puis le bout de cette lame de zinc sous la langue, et opérez la jonction de ces deux objets en rapprochant les deux extrémités, comme comme vous me voyez faire.

— Oh! quelle mauvaise plaisanterie, s'écria tout à coup Pierrot qui venait de faire l'expérience; on

Galvani

dirait qu'on vous met cinquante millions de grains de sel dans la bouche; m'en v'là au moins pour trois quarts d'heure à cracher.

— Eh bien! reprit M. de Saint-Martin, cette expérience forma les premiers éléments de la célèbre pile de Volta. Cet appareil est aussi simple qu'admirable : il consiste à superposer, entre trois tiges de verre verticales, des couples de disques disposés dans cet ordre : un en *cuivre*, un deuxième en *drap mouillé* et un troisième en *zinc*, en répétant alternativement les mêmes couples autant de fois qu'on veut. Puis il suffit d'attacher un conducteur au disque supérieur et un autre au disque inférieur; en réunissant ces deux fils, on obtient un courant galvanique d'autant plus puissant, que la pile est plus haute, ou une étincelle capable de fondre les métaux les plus durs.

— Le diamant y fondrait-il? demanda M. B***.

— Ni le diamant ni le charbon même... ce qui fait penser que le diamant n'est en réalité qu'un charbon fondu.

— C'est donc pour cela, dit Eugène, que plusieurs chimistes ont tenté de faire des diamants avec du carbone?

— Ils n'avaient pour réussir, répondit M. de Saint-Martin, ni un fluide assez puissant, ni une persévérance assez grande, ni probablement le secret de Dieu.

— Cette dernière supposition est la plus croyable, dirent en souriant les deux dames.

— Cette admirable découverte de Volta, continua M. de Saint-Martin, en a fait surgir d'autres fort utiles. Ainsi la galvanoplastie (ou électrotypie) lui doit son origine. Cette science nouvelle enseigne à reproduire en relief, et dans toutes les matières métalliques voulues, un médaillon, un buste, un bas-relief, etc.... Elle a guidé MM. Ruolz et Elkington dans l'art d'appliquer une couche d'or et d'argent aussi mince que possible sur les pièces d'orfèvrerie qui doivent simuler ces métaux sur nos tables.

— Je serais bien curieux d'en connaître le procédé? demanda Ernest, un peu étourdiment peut-être.

— Si l'année prochaine, mon petit ami, nous faisons un peu de chimie, je vous expliquerai comment on opère et vous ferai même reproduire en cuivre tous les plâtres que nous trouverons ; mais, quant à présent, contentez-vous de savoir qu'il suffit de plonger l'objet à *métalliser* dans un bain de cuivre, d'or ou d'argent, et de forcer les molécules infiniment ténues de cette dissolution métallique, au moyen d'un courant galvanique, à aller se déposer par couches sur l'objet immergé.

CHAPITRE XXVII.

CONCLUSION.

Le confident des pensées intimes. — (Télégraphe électrique.)

La soirée était déjà assez avancée; Mme B*** se leva, et, après avoir consulté son mari d'un coup d'œil, annonça l'intention de se retirer.

« Oh ! ce n'est pas possible encore, dit vivement M. de Saint-Martin en obligeant toute la société à reprendre sa place; il nous reste encore un dernier acte à jouer. »

M. B*** et notre excellent professeur échangèrent entre eux un regard qui ne fut remarqué de personne, mais qui annonçait quelque intelligence secrète.

« Pierrot, je crois, m'a parlé, dit M. de Saint-Martin, du désir de se faire dire la bonne aventure.

— Vous êtes trop bon, en vérité, monsieur, fit
Pierrot en opérant coup sur coup une demi-dou-
zaine de révérences ; la mère à Jean le sonneur me
tirera les cartes, et voilà....

— Et si j'ai l'ambition de faire mieux que cela,
répliqua le professeur, et de deviner plus juste que
la mère à Jean le sonneur !

— Possible, murmura Pierrot, mais ce sera difficile.

— Eh bien ! je risque ma réputation de sorcier,
dit en riant M. de Saint-Martin, et je commence
l'épreuve. »

L'air mystérieux du bon professeur intriguait,
presque autant les grandes personnes que les enfants ; M. B*** seul semblait savoir parfaitement à
quoi s'en tenir.... Probablement il était dans le
secret.

D'abord toutes les lumières furent éteintes ; il
n'en resta plus que ce jet de feu admirable, éblouissant, que donnaient deux petits cônes de charbon
à travers lesquels passait l'étincelle électro galvanique, fournie par une pile puissante de Volta ;
mais cette lumière fut voilée par une grosse lentille de verre qui en projetait la clarté ailleurs que
dans le salon. M. de Saint-Martin, qui s'était approché d'un certain meuble en forme de buffet, n'avait
conservé qu'une petite bougie, qui se dissimulait
encore sous un abat-jour.

Bientôt cette complète obscurité fut troublée par le bruit grave et sourd d'un timbre, qui, quoique suspendu à un cordon de soie au milieu du plafond, n'en sonna pas moins l'heure sacramentelle dans toute évocation des esprits infernaux : minuit !

« Bon ! dit Pierrot d'une voix déjà légèrement tremblante, voilà la sorcellerie qui commence. Voyez-vous cette babillarde de cloche qui sonne sans qu'on la touche !

— C'est pourtant vrai, dit Ernest en poussant le coude de son frère.

— Et le cordon de soie qui la tient, lui répliqua tout bas celui-ci, penses-tu qu'il ne recèle pas quelque fil métallique, qui, de là-haut communique, comme celle que l'on voit chez Robert Houdin, avec quelque électromoteur

— C'est possible, mais je n'aurais jamais pensé à cela. »

Puis un sourd murmure se fit entendre : c'était comme le bruit lointain du tonnerre ; de temps à autre des éclairs illuminaient toute la salle, et l'on voyait même comme des sillages de feu scintiller sur les corps métalliques, les cadres, les tringles de cuivre, etc., du salon. Le bruit de l'orage augmenta bientôt, et des coups précipités en annonçaient l'approche par intervalles, et enfin une pluie d'orage accompagnée d'un sifflement aigu de vents, vint ajouter à l'horreur de cette scène.... d'Opéra. »

A ce cataclysme imprévu, qui simulait si bien le désordre des éléments, accompagné de torrents de pluie, Pierrot, qui depuis le commencement de l'orage, se démenait comme un possédé, n'y tint plus, et, tout à coup, escaladant fauteuils et banquettes, il allait gagner la porte, quand M. de Saint-Martin l'arrêtant tout court :

« Où donc cours-tu, étourneau ? lui dit-il.

— Pardine ! chercher des parapluies donc ! Je suis sûr que je dois être trempé jusqu'aux os.

— Comment, reprit le professeur en riant, un apprenti physicien comme toi n'a pas pu deviner que tout cela était une imitation ? Tiens, vois ce cadre de bois sur lequel est tendue une feuille de parchemin ; eh bien ! c'est en l'agitant que je produisais les roulements du tonnerre ; ces éclairs sont dus à l'inflammation instantanée ou de quelques gouttes d'éther ou de résine en poudre.

— Oui, mais cette flamme que j'ai vue courir aux quatre coins de ces tableaux ?

— Cette flamme était due à une étincelle électrique que j'avais conduite là au moyen de ce fil de laiton, qui, comme tu le vois, communique à ma machine électrique.

— Et le vent qui soufflait à percer les oreilles ?

— Vois ce rouleau de soie sur lequel je fais

frotter plus ou moins vite une badine de jonc, c'est cela qui t'a mouillé jusqu'aux os ... en effigie.

— Allons, dit Pierrot en se rassurant, nous en sommes encore tous quittes pour la peur.

— Maintenant que le temps s'est rasséréné, nous allons passer à notre dernière épreuve, ajouta M. de Saint-Martin.

— La bonne aventure? s'écrièrent les enfants.

— Pas précisément, mais à peu près. »

Sur un signe que fit alors le vieux professeur, ce mystérieux rideau de velours, qui était au fond du salon, s'ouvrant, découvrit une large fenêtre au sommet de laquelle se trouvait ce feu électro-galvanique dont nous avons déjà parlé : reflété par un fort verre lenticulaire, il projeta t à plus de six cents mètres une longue traînée de lumière qui, plongeant jusqu'à l'extrémité la plus reculée du jardin, allait éclairer un élégant kiosque.

Là où tombait ce faisceau d'éclatante lumière, qui se trouvait précisément au milieu d'un œil-de-bœuf, on avait construit une espèce de rouleau ou châssis en forme de tambour et recouvert d'une enveloppe de papier blanc.

« Qu'est-ce que ce nouvel et singulier appareil? dit Mme B***. On pourrait vraiment lire d'ici sur ce papier.

— C'est, répondit M. de Saint-Martin, le confident des pensées intimes. Nous allons, du reste, nous assurer de son intelligence et de son habileté. Veuillez, madame, être assez bonne pour écrire un mot, une pensée quelconque sur cet album, et nous demanderons à votre confident s'il sait vous deviner. »

Mme B*** s'approcha en riant de la lueur vacillante que donnait la bougie de M. de Saint Martin, et écrivit sur un petit carré de papier ce peu de mots, après toutefois s'être inspirée d'esprit et de cœur en jetant un coup d'œil de mère sur ses bons enfants :

« Les parents ont-ils encore quelque chose à désirer quand c'est de leurs enfants que vient leur bonheur? »

Deux minutes s'étaient à peine écoulées, que l'on vit sur le lointain rouleau ces mêmes mots paraître en lettres gigantesques.

« Oh! c'est inouï! c'est incroyable! c'est surnaturel! » s'écria-t-on de toutes parts.

A cet élan spontané de l'admiration générale, M. de Saint-Martin dit en souriant:

« Je crois qu'il me sera difficile cette fois de me laver du péché de sorcellerie à vos yeux ; cependant essayons encore une seconde épreuve. Voyons, Ernest, n'avez-vous rien à dire à votre confident? »

La phrase touchante qu'avait écrite sa mère venait d'électriser notre bon petit Ernest, et ce fut en sortant de ses bras qu'il alla écrire cette pensée :

« La dette sacrée de la reconnaissance et de l'amour filial ne se paye qu'avec le cœur. Dieu, mon courage et ma tendresse pour mes bons parents m'aideront, j'espère, à l'acquitter. »

Quelques instants après que ces mots eurent été tracés, le fidèle transparent les retraça encore.

« Ma foi, j'y perds mon latin, avoua tout bas Eugène lui-même ; je ne puis rien comprendre à cette fantasmagorie.

— Et Pierrot, n'a-t-il rien à dire ? » demanda M. de Saint-Martin.

A cette interpellation, le petit tournebroche resta tout interdit ; il se gratta l'oreille, marmotta entre ses dents ; puis enfin, se ravisant tout à coup comme s'il eût été illuminé d'une magnifique idée :

« Comment se comporte en ce moment mon ami Rouget ? » dit-il.

A cette originalité, tout le monde éclata de rire.

« Dame ! mamzelle, dit-il en s'adressant à Rosine, qui riait de tout son cœur, c'était pour vous être agréable que je voulais avoir des nouvelles de votre innocent.

— Mais.... je crois que voilà la réponse qui arrive, dit M. de Saint-Martin en indiquant le kiosque du doigt.

— Ah! miséricorde? s'écria Pierrot dans le paroxysme de l'indignation ; qu'est-ce que je vois ? Ce scélérat de chat qui me vole encore un manche de gigot : c'est le treizième au moins ! Comment ! la promenade dans la lune ne t'a pas guéri de ta gourmandise !... il te faut encore ma malédiction !....

— Pour calmer ton irritation, mon cher Pierrot, dit M. de Saint-Martin avec un sourire mal déguisé, veux-tu reposer tes yeux sur quelque tableau plus doux? Voyons, demande ; le confident t'attend. »

Effectivement le tambour avait tourné, et l'image du chat voleur venait de s'effacer.

« Montrez-moi, en ce cas, je vous prie, dit le petit paysan, ce que fait mon honnête Moustache.... Pauvre bête ! Je suis sûr que celui-là me regrette bien en ce moment, et qu'il est en train de maigrir dans quelque coin.

— Chut!... dit Rosine, voilà.... »

Et l'impitoyable transparent, faisant un nouveau tour sur lui-même, représenta bientôt l'honnête Moustache partageant avec Rouget le malheureux gigot volé!

Cette fois, Pierrot suffoquait, et tout ce qu'il put articuler, ce fut ce peu de mots éminemment philosophiques :

« Fiez-vous donc aux amis maintenant !

— Et Ernest veut-il connaître sa bonne aventure? demanda le bon M. de Saint-Martin.

— Oh! je puis faire mon horoscope, s'écria le
petit collégien ; l'année prochaine, et toutes celles
qui se succéderont, je promets un prix à mes bien
bons parents.

— En attendant que tu nous les donnes, lui dit
son père, va, mon cher enfant, recevoir çelui que
t'ont mérité ton assiduité au travail, ta bonté de
cœur et ton amour pour ta bonne mère et pour moi. »

A ces mots, on vit le bienheureux transparent
se fendre en deux, et une jolie couronne de feuilles de chêne, entremêlées de roses, se présenta,
ayant à son centre une belle montre en or, d'où
pendait une magnifique chaîne, présent de M. et
Mme B*** à leur cher fils.

A cette vue, Ernest s'élança dans le jardin, et,
malgré les cris que poussait Pierrot, qui lui disait : « N'y touchez pas, frérot; c'est peut-être
électrisé, ensorcelé! » notre bon petit écolier enleva ce doux talisman, et revint triomphant,
payant de mille caresses et de larmes de bonheur
cette récompense si bien acquise que ses parents
étaient si heureux de lui donner.

Ici enfin se termina la soirée. On se leva pour
prendre congé de l'excellent M. de Saint-Martin,
qui avait fait à toute la famille une si gracieuse
réception.

« Je ne vous tiens pas entièrement quitte cependant, dit tout bas M. B*** en serrant affectueusement la main de son aimable hôte; car je vous avouerai que je ne comprends encore rien à votre confident des pensées intimes.

— Celui-là n'est pas plus sorcier que moi, répondit M. de Saint-Martin. C'est tout simplement un *télégraphe électrique* dont je faisais agir là, près de ce meuble, sans que vous vous en doutassiez, le cadran et le moteur galvanique. Mon secrétaire, qui était caché là-bas, derrière ce tambour de papier tendu, recevait les signes dont je lui donnais communication, et les reproduisait à la hâte au pinceau.

— Mais comment une simple commotion électrique peut-elle donc transmettre des lettres, des mots, des phrases entières?

— Un cadran, sur lequel sont tracées des lettres de l'alphabet, est placé à la station de départ. Un appareil électromoteur, que l'on met en mouvement au moyen d'un aimant, y est annexé, et donne, quand il est excité, le mouvement à un autre appareil qui est à la station d'arrivée, et qui réagit sur un second cadran, de telle sorte que le mouvement que l'on a déterminé en un point se répète le même à cet autre point. »

Cette rapide explication termina la longue séance qu'on venait de faire chez l'excellent voisin, et ce ne fut qu'après lui avoir fait mille remercîments qu'on se sépara de lui.

Qu'ajouterons-nous à notre petit Traité? Les vacances sont finies; il reste à peine le temps de prendre la voiture afin d'arriver pour la rentrée des classes. Je ne parlerai pas des regrets que durent éprouver nos enfants en quittant d'aussi bons parents; je dirai qu'ils furent assez raisonnables pour comprendre que cette dette de reconnaissance qu'ils avaient promis de payer était de la nature de celles qu'on n'acquitte qu'avec des efforts constants, une volonté ferme et le courage qu'on puise dans ses affections et dans son cœur.

Le lendemain donc, les paquets étaient faits et envoyés de bonne heure à la diligence. Rosine et sa mère retournaient aussi chez elles, et Pierrot à son chien, à son chat et à sa broche, trois choses bien difficiles à mettre d'accord.

Lorsque nos deux collégiens, après avoir longtemps serré contre leur cœur leurs bons et bien chers parents, s'élancèrent, le cœur un peu gros et les yeux humides, dans la diligence, Eugène remarqua, non sans un sentiment de surprise et de pénible émotion, que le malheureux en lambeaux qui venait de leur ouvrir la portière, et qui

leur demandait humblement un sou, était.... ce
même Marcel que nous connaissons déjà.

Placé là sans doute, dans cette dégradante position de mendiant, par la justice divine, il deve-

nait la preuve éclatante et irrécusable que le doigt de Dieu sait au besoin désigner au mépris des hommes celui qu'ont dégradé la paresse, le jeu et le désordre.

FIN.

TABLE DES MATIÈRES.

FIN DE LA TABLE.

12604. — Typographie Lahure, rue de Fleurus, 9, à Paris.

LIBRAIRIE HACHETTE ET CIE

BOULEVARD SAINT-GERMAIN, N° 79, A PARIS

BIBLIOTHÈQUE ROSE ILLUSTRÉE

Format in-18 jésus, à 2 fr. 25 le volume

La reliure en percaline rouge se paye en sus : tranches jaspées, 1 fr.;
tranches dorées, 1 fr. 25.

1re SÉRIE — POUR LES ENFANTS DE 4 A 8 ANS

ANONYME : *Chien et chat.* 2ᵉ édition. 1 vol. traduit de l'anglais, par Mᵐᵉ A. Dibarrart, et illustré de 45 vignettes.

— *Douze histoires pour les enfants de quatre à huit ans*, par une mère de famille ; 3ᵉ édition. 1 vol. imprimé en gros caractères et illustré de 18 grandes vignettes.

— *Les enfants d'aujourd'hui*, par le même auteur. 1 vol. illustré de 40 vignettes, par Bertall.

CARRAUD (Mᵐᵉ Z.). *Historiettes véritables pour les enfants de quatre à huit ans.* 2ᵉ édition. 1 vol. illust. de 94 vignettes, par Fath.

FATH (G.). *La sagesse des enfants*, proverbes illustrés de 100 vignettes, par l'auteur. 1 vol.

MARCEL (Mᵐᵉ J.). *Histoire d'un cheval de bois.* 1 vol. imprimé en gros carac-tères et illustré de 20 vignettes sur bois, par E. Bayard.

PAPE-CARPANTIER (Mᵐᵉ). *Histoires et leçons de choses pour les enfants.* 1 vol. illustré de 80 vignettes. Ouvrage couronné par l'Académie française.

PERRAULT, Mᵐᵉˢ D'AULNOY et LE-PRINCE DE BEAUMONT. *Contes de fées.* 1 vol. illust. de 40 vignettes, par Bertall, Forest, etc.

PORCHAT (J.). *Contes merveilleux.* 3ᵉ éd. 1 vol. illust. de 21 grandes vignettes par Bertall.

SCHMID (Le chanoine Ch. von). 190 *contes pour les enfants*, traduits de l'allemand par André van Hasselt et illustrés de 29 gravures sur bois par Bertall.

SÉGUR (Mᵐᵉ la comtesse de). *Nouveaux contes de fées.* 4ᵉ édit 1 vol. illustré de 64 vign. par Gust. Doré et H. Didier.

2ᵉ SÉRIE — POUR LES ENFANTS DE 8 A 14 ANS

ANDERSON. *Contes choisis*, trad. du danois par Soldi. 3ᵉ édit. 1 vol. illust. de 40 vignettes par Bertall.

ANONYME *Les fêtes d'enfants*, scènes et dialogues, avec une préface de M. l'abbé Bautain. 3ᵉ édit. 1 vol. illustré de 42 vignettes par Foulquier.

ASSOLLANT (A.) *Les aventures véridiques, mais incroyables, du capitaine Corcoran.* 2 vol. illust. de 50 vignettes par A. de Neuville. Chaque volume se vend séparément.

BARRAU (Th. H.). *Amour filial*, récits à la jeunesse. 2ᵉ édit. 1 vol. illustré de 41 vignettes par Ferogio.

BAWR (Mᵐᵉ de). *Nouveaux contes.* 3ᵉ éd. 1 vol. illustré de 40 vign. par Bertall. Ouvrage couronné par l'Académie française

BELEZE. *Jeux des adolescents.* 3ᵉ édit. 1 vol. illust. de 140 vignettes.

BERQUIN. *Choix de petits drames et de contes.* 2ᵉ édit. 1 vol. illust. de 40 vign. par Foulquier, etc.

— *L'habitation du désert*, ou Aventures d'une famille perdue dans les solitudes de l'Amérique. Trad. par Ferd. Le François. 1 vol. illust. de 24 grandes vignettes par G. Doré.

PEYRONNY (Mme de), née d'Isle. *Histoire de deux âmes*. 2e éd. 1 vol. illust. de 53 vignettes par J. Devaux.

PITRAY (Mme la vicomtesse de). *Les enfants des Tuileries*. 2e édit. 1 vol. illust. de 29 vignettes par Bayard.

— *Les débuts du gros Philéas*. 2e édit. 1 vol. illust. de 57 vign. par H. Castelli.

RENDU (V.) *Mœurs pittoresques des insectes*. 1 vol. illust. de 49 vignettes.

SANDRAS (Mme). *Mémoires d'un lapin blanc*. 2e édit. 1 vol. illust. de 20 vign. par E. Bayard.

SÉGUR (Mme la comtesse de). *Après la pluie le beau temps*. 2e éd. 1 vol. illust. de 92 vign. par E. Bayard.

— *Le mauvais génie*. 1 vol. illust. de 90 vignettes par E. Bayard.

— *Comédies et proverbes*. 3e édit. 1 vol. illust. de 60 vign. par E. Bayard.

— *Diloy le chemineau*. 3e édition. 1 vol. illust. de 90 vign. par H. Castelli.

— *François le bossu*. 4e éd. 1 vol. illust. de 100 vignettes par E. Bayard.

— *Jean qui grogne et Jean qui rit*. 2e éd. 1 vol. illust. de 80 vignettes par H. Castelli.

— *La fortune de Gaspard*. 1 vol. illust. de 52 vign. par Gerlier.

— *La sœur de Gribouille*. 5e éd. 1 vol. illust. de 70 vign. par Castelli.

— *L'auberge de l'ange gardien*. 4e édit. 1 v. illust. de 75 vign. par Foulquier.

— *Le général Dourakine*. 5e édit. 1 vol. illust. de 108 vign. par E. Bayard.

— *Les bons enfants*. 6e édit. 1 vol. illust. de 70 vign. par Ferogio.

— *Les deux nigauds*. 5e édit. 1 vol. illust. de 70 vignettes par Castelli.

— *Les malheurs de Sophie*. 9e éd. 1 vol. illust. de 42 vign. par Castelli.

— *Les petites filles modèles*. 8e édit. 1 vol. illust. de 21 grandes vignettes par Bertall.

— *Les vacances*. 4e édit. 1 vol. illust. de 40 vignettes par Bertall.

— *Mémoires d'un âne*. 8e édition. 1 vol. illustré de 75 vignettes par Castelli.

— *Pauvre Blaise*. 3e édition. 1 vol. illustré de 76 vignettes par H. Castelli.

— *Quel amour d'enfant !* 4e édition. 1 vol. illustré de 79 vignettes par E. Bayard.

— *Un bon petit diable*. 3e édition. 1 vol. illustré de 100 vignettes par Castelli.

STOLZ (Mme de). *La maison roulante*. 1 vol. illustré de 20 vignettes sur bois par E. Bayard.

— *Le trésor de Nanette*. 2e édition. 1 vol. illustré de 24 vignettes par E. Bayard.

— *Blanche et noire*. 1 vol. illustré de 54 vign. par E. Bayard.

SWIFT. *Voyages de Gulliver à Lilliput, à Brobdingnag et au pays des Houyhnhnms*, traduit de l'anglais et abrégé à l'usage des enfants. 1 vol. illustré de 57 vignettes.

TAULIER (Jules). *Les deux petits Robinsons de la Grande-Chartreuse*. 3e édit. 1 vol. illust. de 69 vign. par E. Bayard et Hubert Clerget.

TOURNIER. *Les premiers chants*, poésies à l'usage de la jeunesse. 1 vol. illust. de 20 vig. par Gustave Roux.

VIMONT (Ch.). *Histoire d'un navire*. 4e édit. 1 vol. illustré de 40 vign. par Alex. Vimont.

WITT, née Guizot (Mme de). *Enfants et parents*. 1 vol. illustré de 34 vignettes par A. de Neuville.

3e SÉRIE — POUR LES ADOLESCENTS

POUVANT FORMER UNE BIBLIOTHÈQUE POUR LES JEUNES FILLES DE 14 A 18 ANS

VOYAGES

AGASSIZ (M. et Mme). *Voyage au Brésil*, traduit de l'anglais par Vogeli, et abrégé par J. Belin de Launay. 1 vol. avec vignettes et cartes.

AUNET (Mme L. d'). *Voyage d'une femme au Spitzberg*. 1 vol. illustré de 54 vign.

BAINES (Thomas). *Voyages dans le sud-ouest de l'Afrique*, traduit et abrégé par J. Belin de Launay. 1 vol. contenant une carte et 22 grav.

BAKER (Sir Samuel White). *Le lac Albert N'yanza*. 2e édit. Nouveau voyage aux sources du Nil. 1 vol. abrégé sur la traduction de Gustave Masson, par J. Belin de Launay, et contenant 20 vignettes et 2 cartes.

BALDWIN. *Du Natal au Zambèse*. 1860-1861. Récits de chasses. Traduction de Mme Henriette Loreau, abrégée par J. Belin de Launay. 2e édition. 1 vol. illust. de 24 grav. et 1 carte.

BURTON (Le capitaine). *Voyages à la Mecque, aux grands lacs d'Afrique et chez les Mormons*, abrégé par M. J. Belin de Launay. 1 vol. contenant 12 gravures et 5 cartes.

BERTHET (Elie). *L'enfant des bois.* 3 éd. 1 vol. illustré de 61 vignettes.

BLANCHÈRE (De la). *Les aventures de La Ramée et de ses trois compagnons.* 2e édit. 1 vol. illustré de 56 vignettes par E. Forest.

— *Oncle Tobie le pêcheur.* 2 édit. 1 vol. illust. de 40 vignettes par Foulquier et Mesnel.

BOITEAU (P.). *Légendes recueillies ou composées pour les enfants.* 2e édit. 1 v. illustré de 42 vignettes par Bertall.

CARRAUD (Mme Z.). *La petite Jeanne, ou le Devoir.* 4e édit. 1 vol. illustré de 20 vign. par Forest. (Ouvrage couronné par l'Académie française.)

— *Les métamorphoses d'une goutte d'eau,* suivies des *Aventures d'une fourmi, des guêpes,* etc. 1 vol. illust. de 50 vignettes par Émile Bayard.

— *Les goûters de la grand'mère.* 2e édit. 1 vol. illust. de 17 vign. par Bayard.

CASTILLON (A.) *Les récréations physiques.* 2e édit. 1 vol. illust. de 36 vignettes par Castelli.

— *Les récréations chimiques,* faisant suite aux *Récréations physiques.* 2e éd. 1 v. illust. de 34 vign. par H. Castelli.

CHABREUL (Mme de). *Jeux et exercices des jeunes filles.* 3e édit. 1 vol. illustr. de 50 vignettes par Fath, et contenant la musique des rondes.

COLET (Mme L.). *Enfances célèbres.* 7e éd. 1 vol. illustré de 57 vignettes par Foulquier.

CONTES ANGLAIS, traduits par Mme de Witt. 1 vol. illust. de 43 vign. par E. Morin.

EDGEWORTH (Miss). *Contes de l'adolescence,* traduits par A. Le François. 2e édit. 1 vol. illust. de 22 vign. par Morin.

— *Contes de l'enfance,* traduits par le même. 1 vol. illust. de 22 vignettes par Foulquier.

FÉNELON. *Fables.* 1 vol. illustré de 22 vignettes par Forest et E. Bayard.

FOË (De). *La vie et les aventures de Robinson Crusoé,* traduites de l'anglais, édition abrégée. 1 vol. illustré de 40 vignettes.

GENLIS (Mme de). *Contes moraux.* 1 vol. illustré de 40 vign. par Foulquier, etc.

GOURAUD (Mlle Julie). *Les enfants de la ferme.* 1 vol. illustré de 50 vignettes par E. Bayard.

— *Le livre de maman.* 2e édit. 1 vol. illustré de 68 vignettes, par E. Bayard.

— *Cécile, ou la petite sœur.* 3e édit. 1 vol. illustré de 25 vignettes par Desandré.

— *Lettres de deux poupées.* 3e édit. 1 vol. illustré de 59 vignettes par Olivier.

— *Le petit colporteur.* 2e édit. 1 vol. illustré de 27 vign. par A. de Neuville.

— *Les mémoires d'un petit garçon.* 2e éd. 1 vol. ill. de 75 vign. par E. Bayard.

— *Les mémoires d'un caniche.* 3e éd. 1 v. illust. de 75 vign. par E. Bayard.

— *L'enfant du guide.* 2e éd. 1 vol. illust. de 25 vign. par E. Bayard.

GRIMM (Les frères). *Contes choisis,* traduits de l'allemand par Frédéric Baudry. 1 vol. ill. de 40 vign. par Bertall.

HAUFF. *La caravane,* traduit de l'allemand par A. Talon. 1 vol. illustré de 40 vignettes par Bertall.

— *L'auberge du Spessart,* traduit de l'allemand par le même. 2e édit. 1 v. illust. de 61 vignettes par Bertall.

HAWTHORNE. *Le livre des merveilles,* traduit de l'anglais par L. Rabillon. 2 vol. 1re série illust. de 20 vign. par Bertall. 1 vol.; 2e série illust. de 20 vign. par Bertall. 1 vol. — Chaque série se vend séparément.

HÉBEL et KARL SIMROCK. *Contes allemands,* imités de Hébel et de Karl Simrock, par N. Martin. 1 vol. illust. de 27 vignettes par Bertall.

MARCEL (Mme Jeanne). *L'école buissonnière.* 1 vol. illustré de 20 vign. par A. Marie.

— *Le bon frère.* 2e éd. 1 vol. illust. de 20 vignettes par E. Bayard.

— *Les petits vagabonds.* 2e édit. 1 vol. illust. de 25 vign. par E. Bayard.

MARMIER. *L'arbre de Noël.* 1 vol. illust. de 69 vignettes par Bertall.

MAYNE-REID (Le capitaine). Ouvrages traduits de l'anglais :

— *Les chasseurs de girafes.* 1 vol. trad. par H. Wattemare, et illust. de 10 vignettes par A. de Neuville.

— *A fond de cale,* traduit par Mme H. Loreau. 1 vol. illust. de 12 grandes vig.

— *A la mer !* traduit par Mme H. Loreau, 4e éd. 1 vol. illustré de 12 grandes vignettes.

— *Bruin, ou les chasseurs d'ours,* traduit par A. Letellier. 1 vol. illust. de 8 vign.

— *Le chasseur de plantes,* trad. par Mme H. Loreau. 1 vol. illust. de 12 grandes vignettes.

— *Les exilés dans la forêt,* traduit par Mme H. Loreau. 1 vol. illustré de 12 grandes vignettes.

— *Les grimpeurs de rochers,* traduit par Mme H. Loreau. 1 vol. illust. de 20 grandes vignettes.

— *Les peuples étranges,* traduit par Mme H. Loreau. 1 vol. illust. de 8 grandes vignettes.

— *Les vacances des jeunes Boërs,* trad. par Mme H. Loreau. 1 vol. illust. de 12 grandes vignettes.

— *Les veillées de chasse,* trad. par H. B. Révoil. 1 vol. illust. de 43 vign. par Freeman.

CATLIN *La vie chez les Indiens*. traduit de l'anglais. 1 vol. illustré de 25 vign.

HERVÉ ET DE LANOYE. *Voyage dans les glaces du pôle arctique*. 1 vol. illust. de 40 vign.

HAYES (Dr J.-J.). *La mer libre du pôle*. Traduction de N. F. de Lanoye, abrégée par M. J. Belin de Launay. 1 vol. contenant 14 grav. et 1 carte.

LANOYE (Ferd. de). *Le Nil et ses sources*. 2e édit. 1 vol. illustré de 32 vign. et de cartes.

— *Ramsès le Grand, ou l'Égypte il y a trois mille trois cents ans*. 1 vol. illust. de 40 vign. par Lancelot, Bayard, etc.

— *La Sibérie*. 2e édit. 1 vol. illust. de 40 vign. par Lebreton, etc.

— *Les grandes scènes de la nature*. 2e éd. 1 vol. illustré de 40 vign.

— *La mer polaire*, voyage de l'*Érèbe* et de la *Terreur*, et expédition à la recherche de Franklin. 5e édit. 1 vol. illust. de 26 vign. et accompagné de cartes.

LIVINGSTONE (David et Charles). *Voyages dans l'Afrique australe*, abrégé par J. Belin de Launay. 1 vol. illustré de 20 gravures sur bois et d'une carte.

MAGE (L.). *Voyage dans le Soudan occidental* (Sénégambie, Niger), abrégé par J. Belin de Launay. 1 vol. avec vign. et cartes.

MILTON ET CHEADLE. *De l'Atlantique au Pacifique*. Trad. abrégée par J. Belin de Launay. 1 vol. illustré de 16 gravures.

MOUHOT (Ch.). *Voyage dans le royaume de Siam, le Cambodje et le Laos*. 1 vol. illustré de 28 grav. et d'une carte.

PALGRAVE (W. G.). *Une année dans l'Arabie centrale*. trad. abrégée par J. Belin de Launay, avec 12 grav. et une carte. 1 vol.

PFEIFFER (Mme Ida). *Voyages autour du monde*. 2e édit. 1 vol. illustré de 16 grav. et d'une carte.

PERRON D'ARC. *Aventures en Australie*. *neuf mois chez les Nagarnooks*. 2e édit. 1 vol. illustré de 25 grav. par Lix.

PIOTROWSKI. *Souvenirs d'un Sibérien*. 1 vol. illust. de 10 gravures.

SPEKE. *Les sources du Nil*. Edit. abrégée par J. Belin de Launay des Voyages de Speke et de Grant. 2e édition. 1 v. illust. de 24 grav. et de 3 cartes.

VAMBÉRY (Arminius). *Voyage d'un faux derviche dans l'Asie centrale*, traduit de l'anglais par E. D. Forgues, et abrégé par J. Belin de Launay. 2e édition. 1 v. illustré de 16 vign. et d'une carte.

HISTOIRE

LE LOYAL SERVITEUR. *Histoire du gentil seigneur de Bayard*, revue et abrégée, à l'usage de la jeunesse, par Alph. Feillet. 2e édit. 1 vol. illust. de 56 vig. par P. Sellier.

MONNIER (Marc). *Pompéi et les Pompéiens*. Edit. à l'usage de la jeunesse. 1 vol. illust. de 20 vign. par Thérond.

PLUTARQUE. *Les Grecs illustres*. Edition abrégée sur la traduct. de M E. Talbot, par Alph. Feillet. 1 vol. illust. de 55 vign. par P. Sellier.

— *Les Romains illustres*. Edit. abrégée par A. Feillet sur la trad. de M. Talbot. 1 vol. il. de 69 vign. par P. Sellier.

RETZ (Cardinal de). *Mémoires abrégés* par Alph. Feillet et illust. de 30 vign. par Gilbert, etc. 1 vol.

LITTÉRATURE

BERNARDIN DE SAINT-PIERRE. *Œuvres choisies*. 1 vol. illust. de 20 vign. par E. Bayard.

CERVANTÈS. *Histoire de l'admirable don Quichotte de la Manche*. Edit. à l'usage de la jeunesse. 1 vol. illust. de 54 vign. par Bertall et Forest.

HOMÈRE. *L'Iliade et l'Odyssée*, traduites par P Giguet, abrégées par Alph. Feillet, et illust. de 35 vign. sur bois par Olivier. 1 vol.

LE SAGE. *Aventures de Gil Blas*. Edition destinée à l'adolescence. 1 vol. illust. de 42 vign. par Leroux.

MAC-INTOSCH (Miss). *Contes américains*, traduits par Mme Dionis. 2 vol. illust. de 120 vign. par E. Bayard.

MAISTRE (Xavier de). *Œuvres choisies*. 1 vol. illust. de 20 vig. par E. Bayard.

MOLIÈRE. *Œuvres choisies*, abrégées à l'usage de la jeunesse. 2 vol. illust. de 22 vign. par Hillemacher.

VIRGILE. *Œuvres choisies*, traduites et abrégées à l'usage de la jeunesse, par Th. Barrau et Alph. Feillet. 1 vol. illustré de 20 vign. par P. Sellier.

Typographie Lahure, rue de Fleurus, 9. a Paris.

www.ingramcontent.com/pod-product-compliance
Lightning Source LLC
Chambersburg PA
CBHW060127200326
41518CB00008B/956